被曝社会年報 #01

―現代理論研究会 編

新評論

『被曝社会年報』発刊の辞

２０１１年３月にはじまる放射能拡散事件は、この国の科学者にとって内省と転換を迫る事件となった。巨大な費用を投じた「科学」が、この国の自然と社会と人間生活に、算定できないほどの災厄をもたらしたからである。

まず原子力にかかわってきた自然科学者・応用科学者と諸機関は、直接に訴追されることになるだろう。彼らはその無能によって多くの人々を死と絶望の淵に追いやったのだから、その責を負わなければならない。つぎに、原子力政策を主導ないしそれに追随してきた大学と省庁は、その運営責任を問われるだろう。大学は、能力の疑わしい者に発言権を与え、人々の信頼を裏切ったのだから、今後は問題の裁定にかかわる権利を失う。大学が産業とも行政とも訣別し、真に独立性をもって学術の内容を回復したと人々が認めるまで、この無権利状態は継続するだろう。

このような学術をめぐる変動のなかで、文学・哲学・社会諸科学もまた再編を促される。それら再編された諸学は二つの使命を帯びている。

第一に、放射能拡散事件に至る過程と構造を分析し、誰がこの災厄をもたらしたかを明らかにすることである。これは学術にかかわる者すべてがその道義的責任を負う。広島、長崎、ビキニ、チェルノブイリ、イラクなど、多くの流血によって示された教訓を、この国の科学者は無視してきた。そして同じ惨劇を繰り返したのである。このことは当該専門科学だけでなく、すべての科学者・哲学者が痛悔をもって知るべきことだ。そしてこの一度は裏切られた教訓を真に教訓たらしめるために、われわれは原子力政策の責任の所在を明らかにし、その被告を断罪する作業に加わらなければならない。これは市民的権利であると同時に、学術にかかわる者の義務である。

第二の使命は、放射能拡散後の社会が要請する学術内容を用意することである。放射能拡散後の社会にさしあたって必要となるのは、医学・気象学・農学といった自然・応用諸科学であり、それらを支える数学である。いまのところ哲学や社会科学の出番はないように見える。しかし、これら自然・応用諸科学が放射線防護の実践的な要請に応えるとき、そこでは科学観をめぐる原理的な革新が進行している。原子力政策が依拠してきた旧い科学観とは別の、より現代的な科学観が要求されており、その実際的な必要から科学観の革新が否応なく遂行されているのである。この革新の作業は、さまざまな深度で行われている。表面に近いところでは科学行政の問題があり、もっとも深いところでは対象と知覚をめぐる哲学的態度の問題がある。このさまざまなレベルに現れている問題意識を、われわれは積極的に支持し、より多くの内容を提供しなければならない。

さらにこれに加えて、社会と人間に固有の問題領域がある。今次の放射能拡散はきわめて大規模なものであり、首都圏一帯の巨大な人口が被曝に呑みこまれることになった。われわれの眼前には、人類史上類を見ない規模の「被曝社会」が登場している。パニックは一過的なもので終わらず、現在も静かに継続している。市民の生命と財産は保護されず、容易には見えない仕方で無政府状態が進行している。これはかつて怖れられた「夜警国家」ですらない、もっと別の仕方で、一般的な人権の剥奪が進行している事態である。ある人はこれを「恒常化した核戦争」と呼ぶ。しかしこれは従来考えられていた戦争とも少し違っている。では、いま起きているこの事態を、われわれはどう名指せばよいのか。２０１１年以後に現れた「被曝社会」をどのように分析すれば、問題が明らかになるのか。この問いに応える作業は、文学・哲学・社会諸科学にとっておおきな試練になるだろう。

われわれはいま起きている事態の深刻さを重く受け止めつつ、しかし絶望はしない。心の奥底におおきな諦念を抱えながら、他方で、これまでにないおおきな自由を感じてもいる。権利を奪われ無力な状態に置かれて、そのことを自覚しつつなお自由を感じているというのは、奇妙に聞こえるかもしれない。だがこれは逆説ではない。これまで信じられてきた市民的諸権利の総和であり延長である「自由」とは別に、もっと根源的でおおきな自由がある。われわれが屈辱と悲しみのなかで知ったのは、このことである。より深い次元で自由を知った者は、昨日までとは違った仕方で考え、著すだろう。

この年報が企図するのは、そうした自由な思考の到来を期して、その表現の舞台を用意し、そこから編みなおされる新たな世界観を読者とともに鍛錬していくことである。

２０１３年初春

現代理論研究会

装訂――小橋太郎（Yep）

あの日 わたしは、

11/03/2011

3月12日のイソジン

矢部史郎

3月11日午後、私は新宿にいました。とても長い揺れ、いままで経験したことのない長い揺れでした。揺れがおさまってから、まだ暗くならないうちに、私は自転車で明治通りを北上していました。北区の東十条にある家に向かうためです。新宿、池袋、王子と走るあいだ、明治通りは徒歩で帰宅する人々が歩道をびっしりと埋めていました。

自転車をこいでいる間、漠然と、原子力発電所が脳裏をよぎるようになりました。私の頭には、4年前に起きた中越沖地震と柏崎・刈羽原子力発電所事故の記憶があったからです。悪い予感は的中しました。家に着き、急いでテレビをつけたところ、福島第一原子力発電所の異常が伝えられたのです。直後に、「安定ヨウ素剤が必要だ」と思いました。私は以前、雑誌の連載のために柏崎市を取材したことがあります。そのときに柏崎の民家で見せられたヨウ素剤の記憶が、急速に蘇ってきたのです。私はヨウ素剤を入手するために近所の薬局をまわりました。しかし、薬局ではヨウ素剤は売っていなかったし、そもそも薬剤師がそういう薬剤があることを知らなかったのです。

これは、原子力行政の重大な過失です。原子力行政は過失だらけなので、みなそのことに馴らされてしまっているのですが、私はこのヨウ素剤の一件にこだわるべきだと思っています。ヨウ素剤が手に入らないという状態は、福島第一事件の後もまったく改善されていません。我々はヨウ素剤を入手できない丸腰の状態で、大飯原発の再稼働を強要されているのです。

地震の翌日、ヨウ素剤が入手できなかったので、私は「イソジン」というヨウ素入りのうがい薬を飲み、娘にも飲ませました。またこのことをブログやメールを通じて、多くの人に勧めました。私も、放射性ヨウ素の甲状腺への蓄積を防ぐためにイソジンを飲むという「デマ」を発信した一人です。しかしこれは「デマ」ではないし、当時とりうる最善の対策だったと考えています。

１９８６年、チェルノブイリ事件の際、ポーランド政府は国民にヨウ素剤を配布し服用させました。これは私の推測ですが、当時ポーランド政府がヨウ素剤を備蓄していたのは、原子力事故を想定していたからではないでしょう。おそらくポーランド政府は、東西冷戦の前線に位置するという地政学的理由から、将来ありうる核戦争に備えていたのだと思います。彼らは核戦争のために用意していたヨウ素剤を、原子力事故の際に転用したのでしょう。

こうした観点にたってポーランド政府と日本政府の対応を比較すると、問題はこの国の安全保障政策の性格に及びます。

　この間、日本の右派政治家は、朝鮮の核実験やロケット実験を重大な脅威として煽りたて、国防予算を拡大させてきました。彼らはミサイル防衛計画といったものに巨費を投じる一方で、しかし、住民を防護するためのヨウ素剤はまったく準備していなかったのです。彼らは核戦争の危機を煽りながら、「国民の保護」を置き去りにしていたのです。このことは、この国の安全保障政策の本質的性格を表しています。

　日本政府がヨウ素剤を備蓄していなかったのは、核戦争など現実には起きえないからだ、と言うかもしれません。そのとおりです。現実の国際政治において、核戦争などというものは起きえません。まったくそのとおりなのです。そして私たちは、悪魔のように恐れられた朝鮮ではなく、自国の原子力産業に背後から襲われたのです。政府の無策のために置き去りにされ仕方なくイソジンを服用した人々は、「デマに踊らされている」と罵倒されました。そのためにイソジンの服用をやめて、無防備に甲状腺被曝をさせられた人々がいるのです。

　このとき、日本に暮らす私たちにとって真の脅威は誰であるかが明白になったのです。

切られなかった半券が残った

村上　潔

２０１１年３月11日のこと。いまでも、あの日自分がとった行動や、見たものははっきり思い出せるけれど、実のところ、そのとき考えたこと、ということになると、とたんに頭のなかが空白になる。たいへんお恥ずかしいことだが、そういうわけなので、ただ事実だけをたんたんと書く。

　私はたしか、前日から東京にいた。私は基本的に、東京にいる時間の７‐８割は、神保町で過ごしている。あの日も、１日神保町で過ごすつもりだった。名画座〈神保町シアター〉で午後の最初の回の上映を鑑賞し終えた私は、次に鑑賞する夕方の回が始まるまでの空き時間を、いつものごとく中古レコード屋散策で埋めようとした。神保町交差点を渡って、白山通りを北上。散策ルート中の定番の１軒である店に入った。古い木造2階建ての店だ。入ってすぐ2階に上がった。棚に沿って移動しながら、彩恵津子や二名敦子といったネームタグを探しているうち、緩い小さめの揺れが来た。ああ、白山通りを大きなトラックが続いて走っているのかな、と思った。店には悪いが粗末な古い建物だから、それだけで揺れるだろうと。しかし、それがだんだん大きくなるので、さすがにこれはおかしいと感じた。すぐに階段を駆け下りて、店から歩道に飛び出した。脱出は障害なくすぐに成功した。ただ、そこから恐怖を感じ始めた。振り返ると店はいまにも倒壊しそうなほど左右に揺れている。最初は歩道のガードレールにしがみついていたが、歩道にいると建物が近くて危ないので、車道の真ん中に出た。そして電柱が倒れてこないか、あたりをきょろきょろ見回しながら（立っていられないので）しゃがみこんでいた。冷静さはあったが、頭は軽くパニックだった。

　揺れが治まって最初に考えたことは、荷物をとりに行かねば、ということだった。連泊していた日本橋のホテルに、着替えやパソコンなどを置いていたからだ。幸い、神保町から日本橋なら歩ける距離だ。電車はすべて止まったと確信していたので、すぐに歩き始めた。途中、靖国通り沿いの有名な古書店をふと見ると、２階の窓際の大きな本棚が45度くらい傾いているのが見えた。けが人がいないことを祈った――よく考えると、これがこの目で見た唯一の被害らしい被害だった。神保町を抜け出すまでに、２度ほど大きな余震があり、そのたびに車道の真ん中に避難して時間をロスしたが、あとはスムースに歩き続けることができた。ホテル近くまで来て、大手チェーンのセルフスタイルのコーヒーショップの前を通ると、どうやら普通に営業しているようだった。若干驚きつつも、少し日常的な行為をして気を落ち着けたいと思い、持ち帰りでコーヒーを買った。そしてホテルに戻ると、荷物を整理して、すぐにその足で東京駅に向けて歩き始めた。とにかく一刻も早く京都に戻ろうと思った。もちろん新幹線が動いているはずはないが、何か情報が掴めるかと思ったのだ。１時間ほど構内にいたが、有益な情報を得られそうになかったので、諦めてホテルに戻った。部屋（たしか５、６階だった）に入ったものの、余震が来るたびに怖くなってすぐに階段で１階のロビーに降り、少し落ち着くとまた部屋に上がる、というのを繰り返した。部屋のテレビで被害状況は確認することができた。そしてふと窓の外を見ると、近くのオフィスビルのあるフロアでは、おそらく帰宅を諦めた会社員たちが、ヘルメットを被ってはしゃぎながら記念写真を撮っていた。そういえば、ホテルに戻ったときに、ロビーで、コンビニで仕入れた缶ビールやつまみを抱えて楽しそうに部屋に入っていった中年会社員数名の姿を見た。同じ時間にテレビに映し出されていた惨状との落差は、強く印象に残った。

　翌日の朝、５時頃にホテルを出て、また東京駅に向かった。半分諦めてはいたが、着いてみると、東海道新幹線は、始発から通常運行しているようだった。さっそく並んで切符を買う。結局、１時間ほど待っただけで、新幹線に乗ることができた。夜は余震への恐怖で――というか、頻繁に携帯電話が鳴らす緊急地震速報のお知らせ音（それ自体）がとにかく怖くて――ほとんど一睡もしていなかったので、乗り込んで席に着いた瞬間と、新幹線が小田原駅を通過したあたりで、心底ほっとした。ただ、寝ようとしてもほとんどまったく寝られなかった。

　京都駅に戻ると、当たり前のことだが、東京に発った数日前と何も変わらぬ風景と日常があった。それはそうだなと思いつつ、帰宅。家に戻って、やっと落ち着き、テレビを少しだけ観て、眠った。

　翌日からは、何事もなく日常に戻った。その後、友人との話のなかであの日のことを思い返すことはたびたびあったが、あの体験は自分のなかでどんな意味があったのか、ということを考えることはなかった。正直にいって、いまも、そうした気にはならない。

　ただ、〈神保町シアター〉の、3月11日「4：30ＰＭ開映／整理番号２番」の回のチケットだけは、入場券の半券が切られていないまま、いまも私の手元にある。なぜかはわからないが、捨てる気にはならない。⌛

とうとう江戸の歴史がおわった

栗原　康

　3月11日、この日はベーシックインカム研究会のつどいで、早稲田にいく予定であった。しかし昼寝ぼうをしてしまい、おきたら開始時間の15時ちかくであった。わたしは埼玉の実家に住んでいるので、早稲田までは2時間かかる。もうまにあわない。せめて飲み会だけでもとおもい、シャワーをあびて服をきていると、とつぜんの大地震だ。とっさに2階にかけあがり、自分の部屋にはいると、命よりも大切なテレビが宙を舞っている。わたしは間一髪でキャッチし、それをかかえこむようにして机の下にもぐりこんだ。たすかった。地震がおさまってから、テレビをつけてみると、どこそこの石油コンビナートから火があがっている。しかも津波がおきて、何人死んだかわからない状況だという。ふと仲田くんが茨城に帰省していたことをおもいだし、心配になって電話してみた。つながらない。死んでしまったのではないか。とりあえず念仏をとなえた。そういえば研究会の人たちはどうしたのだろう。同席するはずだった堀くんにメールをうった。「きょうは地震のため欠席します」。返事はこない。

　3月12日朝、腹がへったので台所にいくと、両親が口をあけてポカンとしていた。どうも原発がやばいらしい。両親はガソリンをいれがてら、食料品を買いにいった。なにかほしいものはあるかと聞かれたので、わたしは「赤ワイン」とこたえた。なにも考えられない、なにもすることがない。部屋でゴロゴロしていた。夕方、隣町の女の子から電話がかかってきた。どうしてもわたしたいものがあるというので会いにいった。わたされた袋をあけてみると、亀だ。亀のかたちをしたメロンパンがはいっていた。カメロンパンというらしい。なぜ亀だったのか、いまだにわからない。しかし、きっとわたしを心配してくれたこころのあらわれだろう。ありがとう、お礼をいってわかれた。夜、堀くんからメールの返信がきた。早稲田で被災したが、みんな無事とのこと。家まで何時間もかけ、あるいて帰ったらしい。不謹慎かもしれないが、寝坊してよかったとおもった。

3月13日早朝、電話でおきた。矢部さんだ。鬼のような声だった。「東海村の原発が爆発しました。ただちに避難してください」。わたしは恐怖のあまり、二度寝してしまった。昼すぎ、仲田くんから電話がかかってきた。生きていた、よかった。仲田くんによれば、東海村は大丈夫だが、福島からの放射能はハンパないという。名古屋に避難することにきめた。矢部さんが避難民のために名古屋の実家を開放している。お地蔵さんみたいだ。しかし調べてみたのだが、わたしの地元は電車がとまっていて身動きがとれない。まいった。翌日、仲田くんは他の友人と名古屋に旅立った。わたしは家でゴロゴロする。妙な緊張感がはしる。カラスの鳴き声もいかれている。こわい。翌3月15日、不定期で電車がでることがわかった。朝、家をでる。浜松町から高速バスにのることにした。バスをまっているとき、テレビで原発に火がついているのがみえた。自衛隊がヘリで水をかけている。焼け石に水だ。名古屋にむかうバスのなか、もえさかる原発の映像があたまをはなれなかった。わたしはふと徳川綱吉のことをおもいだした。かれが生きていた時代は、なんだかいまに似ている。そのときは直観的にそうおもっただけなのだが、いまからするとまちがっていなかったようにおもわれる。

綱吉といえば、あほで有名な将軍である。あだなは犬公方。かれは幼いころ、明暦の大火を経験した。2日間にわたって火がもえさかり、江戸はかんぜんに焼け野原。10万人が焼け死んだ。当時、江戸の人口は100万人くらいだから約1割が死んだことになる。綱吉の館も全焼であった。それから何年もたって、将軍であった兄が亡くなり、綱吉があとをついだ。とうぜん任務は江戸の復興である。だが、綱吉は復興にむけて、奇妙な法令をだした。生類憐みの令である。この法令をもって、綱吉はあほといわれるのだが、かれの経験を考えてみると、ごくまっとうであったことがわかる。明暦の大火では、とにかくたくさんの生きものが死んだ。信心深くならないわけがない。そして火事のあと、損得ぬきで人間や動物が助けあっている姿をみた。生の本質は無償の愛であり、憐憫の情である。あとはそれをひろげるだけだ。ただひたすらに生類をあわれむべし。だが、生類憐みの令は、綱吉のおもわくとは正反対のものになってしまった。こっぱ役人たちが、幕府の支配強化に役立てようとしたのである。犬を殺すのも禁止、いじめるのも禁止。日常生活が監視され、やぶればきびしく罰せられる。民衆はふるえあがり、しだいに自分のふるまいが生きものに害をあたえていないかどうか、ビクビクするようになってしまった。本末転倒である。

　ともあれ、綱吉は江戸の再建には成功した。しかし、ここであらたな問題が生じてくる。幕府の金が底をつきかけていたのである。どうしたらいいか。綱吉のこたえは明快であった。だまって小判の質をおとす。金の量を減らしたのである。元禄小判。この小細工はすぐにばれてしまい、江戸中がパニックにおちいった。ほんとうはたいした問題ではないのだが、やれインフレだの、やれ経済破綻だの、世間は大騒ぎである。だが、それでも綱吉は動じなかった。かりに江戸の経済が壊れたとしても、人口の８割は農民である。大丈夫。そうおもっていたやさきである。１７０７年、富士山が爆発してしまった。近隣の農業は壊滅状態である。ひとがばたばたと死んでいく。これが信心深さの結果なのだろうか。しばらくして、綱吉は亡くなってしまった。

　やはり、綱吉の時代はいまに似ている。震災直後、わたしたちは無償の愛や憐憫の情を経験した。ほんとうはそれをひろげていけばいいだけなのに、そこに絆とかいう社会道徳のおおいがかぶせられる。いまでは東北関東のものは危険だから食べてはいけないとか、被曝労働は危険だからいかないほうがいいとか、口にだすことさえ自主規制させられている。わたしたちの精神はおもすぎて身動きがとれない。カネのことだってそうだ。復興で資金難だからといって、問答無用で消費税があげられる。ほんとうは政府通貨でも発行すればいいだけなのに、政府は増税しかないとウソをつく。金欠だ、金欠だ。人間は税金によって奴隷になる。わたしたちの身体はおもすぎて身動きがとれない。カタストロフ。わたしたちはもはや富士山の噴火でもまつしかないのだろうか。きっと綱吉が生きていたら、こう言うことだろう。国家なんてどうでもいい、社会なんてどうでもいい、ただひたすらに生類をあわれむべし。名古屋にむかったころから、そんなことを考えている。とうとう江戸の歴史がおわった。

アレルギー、レジスタンス、死

田中伸一郎

原発事故の前後、チェルノブイリ事故時の汚染地図を見て200km離れても放射線管理区域に指定された地域があるのを知り、東京もそうなる可能性に気付いた。逃げたい、と思うとともに逃げることにも不安があった。一番は仕事のこと、住居のこと、家族のこと。一人で決断する力も無かった僕はありったけの知人に電話して相談した。『ゼロベクレル派宣言』の矢部史郎さんもその一人だが、すでに愛知に退避・移住した彼に対しては、ただ自分の優柔不断の愚痴を聞かせるだけになりそうだし、何よりも被曝や原発に対して僕自身の姿勢を鋭く問われるのではないかと臆したのも事実で、その後しばらく連絡は取っていなかった。ただ、その間も矢部さんのブログ「原子力都市と海賊」は読んでいた。時に「被曝」の現実から目を反らしたい時期もあり、意図的に同ブログにアクセスするのを避けた時期もあった。詳しく書けないが「しがらみ」もある。日常的に自分自身や周囲の「被曝」について、現実問題であるにもかかわらず問題化できない場面というのは嫌というほどある。「そんなもん食えるか！」「そんな所に行けるか！」と言いたくても言えない。「経済的理由で仕方のない「しがらみ」だから、黙ってよう」「「しがらみ」にすぎないところで本音を言って何になる」「大人しくして自分だけは巻き込まれないようにすればいい」と自分自身を納得させた。何とか僕自身や妻、家族だけでも、「被曝しろ」と陰に陽に出される指令を遮断し、「殻にこもって」可能な限り放射能から身を守りたいが、心理的にも中々しんどい。これも詳しく書けないのだが、「しがらみ」よりも更にごく身近で衝突やそれに近いものを繰り返す。そんな時に矢部さんのブログを見るのはちょっと勇気が要った。きっと、関東圏で「被曝受忍」し続ける人間にとっては痛い指摘がされているに違いない。それは確かにそうだった。だが、それ以上に不思議と「ああ、そうだよな」と納得したり何か元気付けられるようなことが多かった。もちろん、当の矢部さん本人はそれを意図していたか定かでないし、それ以上に被曝問題の考察で切迫していたのだと思うが。うまい言い方が見つからないが、周囲からだけでなく自分で自分を窮屈な枠に押し込めてしまっている時、人はその自分自身を批判されることについて解放的な気分さえ味わうことがあるのではないか。もちろん、当の批判者からすれば「お前を喜ばすためなんかにやってんじゃない！」のかもしれないが、その「お前」と名指された人間の「人格」でなく「身体」が勝手に喜んでしまうようなことがあるんじゃないのか。矢部さんは最近ブログで「脳被曝」の問題に触れている。最初は「まあ理論的にはあるけどちょっと突っ走り気味じゃない？」とか思ったが、調べてみれば現実問題として国家から表彰されたようなチェルノブイリ収束作業員においても「脳被曝」が疑われるような実態があることを知った。また、『ゼロベクレル派宣言』でも原子力都市の、無能なテイラー主義的頭脳が身体を不当に支配している構図に触れられているが、被曝を正しく認識するのもひょっとすると「人格的知性」でなく「身体的知性」みたいなものなんじゃないのか？　そう考える中で思い出したことがある。今はもうやめたが、事故直後から mixi で原発情報を書き込んでいた。原発反対の人と何人かマイミクになったが、その中でハンドルネームが「_」だか「。」という人がいて、その人の日記は毎回「雨、雨こわい、被曝しゅる」というそれだけのものだった。その時は「ちょっと変わった人」だなと思ってスルーしていたが、今思えば毎回雨の度に書いていたのかもしれない。恐らく、ネット上のこうした言動だけ見れば、この人は「精神的に何か異常をきたしている人」だと思われてしまうかもしれない。だが、原子力発電の経済的不合理性や、電力需給、国際的な脱原発状況等の情報を収集して整理した自分の書き込みよりも、この人のほうが被曝について精確に「知っていた」のではないか。今はそう思う。「頭脳」は被曝を知ることはない、知るとしても「身体」より後だ。「身体」の知覚を精確に言語で反映しようとすれば「こわい」とか「被曝しゅる」とかいう表現にしかならないのではないか。精神分裂的（統合失調症的）知性が統合的知性よりも被曝に鋭敏であることはありうるのではないか。もっと言えば、被曝に鋭敏であろうとすれば人の知性はより分裂的になっていくのではないか。人から「頭がおかしい」と言われることは覚悟しておかなければいけないのかもしれない。本当に「統合失調症」という診断が下されるのではないかとも思う。事故からしばらく経った後、今までにないヒドイ蕁麻疹が顔面を含む全身に出て三日三晩出たり消えたりを繰り返した。僕の「身体」は、「僕自身」よりも被曝をよく「知り」、ある部分ではより「抵抗」し、そして死んでいっている。比喩でなく文字通り。

ひとを満足させられるような歌ではない

アンナ・R家族同盟

A……夕方頃まで仕事をして帰るつもりでした。私は地階のオフィスにパートのおばちゃんといました。揺れが段々と強くなっていくと、パートのおばちゃんの顔が「逃げます」と言って外に出て行きました。おそらく無意識だったかと思いますが、オフィスのドアをきっちり閉めて出ていかれました。私は地震のなか、ドアの閉じられたオフィスにひとりとり残されたかっこうになりました。私は揺れを感じながら「このまま死んでも別にいっか」と、かっこつけでも、強がりでもなく思っていました。

その後、全社に、建物から中庭に出るよう指示があり、私もそれに従いました。まだ余震が続いていて、社の一番高いビルがしなっているのが傍目にもよくわかりました。それを見て、女性の方々が恐怖の声を発していました。遊園地の絶叫マシーンとかそういうものでもなく、真の（多数の）恐怖の声を聞いたなあと思いました。

結局職場で一夜明かすことになったので、近くの大通り沿いのコンビニに夕飯を買いに行こうとしたら、ものすごい数のひと――主にサラリーマンですが――が、大通りをぞろぞろと歩いていました。そのときも電車が動いていなかったので、徒歩で帰ろうとしている人たちです。自分自身もその人らとなんの変わりもないので、これは自分自身も含めてですが、「ゾンビの行列みたいだな」と、ちょっと思いました。

B……仕事時間が早く終わらないかと大手町の野村ビル地下にあるプロントでサボっているところでした。揺れが段々と強くなっている中で、バイトのおねえさん達は「このビルは安全です。落ち着いてください」とおっしゃっていました。私は生き埋めはごめんだとばかりに、しらーっとプロントを出、当日の業務日報で訪問していることになっている取引先に急ぎました。止まっているエスカレータを上って取引先に着くと、取引先の担当者が非常階段の前で避難の誘導をしていました。

オートマチックに、私も非常階段を下りていき、東西線大手町駅の公衆電話に並びました。携帯が繋がらなかったためです。しばらく並んで私の番になったとき、地下鉄構内で津波警報がなりました。女子高生が「キャーッ」と私の前を通り過ぎ地上に向かってかけていきました。私は繋がった電話の向こうに「津波が来るので…」といい電話を切りました。

地上に出ると、白いヘルメットをかぶったサラリーマンが皇居方面から東京駅方面にあふれ出てくるところでした。私は津波が来る方向に逃げていく人々とは逆に、皇居方面を目指し歩いていきました。内堀通りは大渋滞。それでもタクシーを拾おうとしている人がいました。空は深く曇り、子どもの頃みせられた東京大空襲で逃げ惑う人々の映像を思い出しました。しかしながら、世界は、しらーっとはしていました。

A……「原発がやばそう」と知ったのは少しあとで、そのときは「会社が休みになるくらい派手なことにならないかな」などと不謹慎なことを考えました。結局（?）地味に（?）爆発したんでしたっけ? そういえばいつ爆発したのか記憶にありません。今、都心に住んでいて、たまに「西へ逃げろ」とか言われますが、指図されたりするのが嫌いなので、「えっ?」ってなってしまいます。特にこれ以上なにもありませんが、他人と関わるのが年々苦痛になっています。そっとしておいてほしいです。こんなことなら、地震のときに死んでいればよかったなと思います。

B……「原発がやばいっす」と友人からメールがあってはじめて原発の存在に気がつきました。その後、ネットだったとおもいますが無音で3号機が爆発している映像をみて、貿易センタービルが爆発したときに感じた爽快感と同じ感覚を味わいましたが、敵は放射能なのでどうしようかあたふたしました。東京に放射能が大量に降った日の午後から、街を歩いている人々を見るたびに、シャマランの映画『ハプニング』をみているような感覚に嘔吐しました。実際、急性被曝症状で嘔吐していたのかもしれませんが、よくはわかりません。石原慎太郎が都知事になりました。

トレドの3・11／9・11

マニュエル・ヤン

近代の生産状態によって支配されている社会において、生はスペクタクルの巨大な蓄積として提示される。じかに生きられたものは全て、表象の中に退いていく。

——ギー・ドゥボール*

「『3・11』の時、あなたはどこで何をしていましたか?」

1世代前のアメリカだったら、こういった類いの質問の中枢に置かれる事件は、常に「偉大なる個人の死」であった。「ケネディ大統領／マルコムX／キング牧師／ジョン・レノンが暗殺された日にあなたはどこで何をしていましたか?」という風に。しかし、「9・11」の多発テロ事件以来、アメリカにおける「公共的な死」のイメージは、「偉大な英雄」ではなく「無名の大衆」になった。「3・11」以後の日本もそうだ。

「3・11」／「9・11」、いずれの日も私はオハイオ州トレド市にいた。オハイオ州と言えば、そう、今月（2012年11月）に終了したばかりの大統領選挙で勝者を決定する「揺れる州Swing State」の一つである。朝からハンバーガーとフライドポテトをむさぼり食い、タバコの煙を煙突のように吐き出し続け、コーヒーをがぶ飲みしながら、自分の言いたい放題をまくしたてる、ディランの言い方を借りるなら「心臓発作マシーン」と呼んでもいい労働者の町トレド（これはジョークでもステレオタイプでもない――ここで形容した「労働者」は、私が参加していた「朝飯クラブBreakfast Club」のレギュラーで、自動車工場で機械装置組立工として働いていた）。

「３・11」のトレドは寒風がまだ吹き荒んでいた。10年間住み着いたアパートにモグラのように引きこもり、春の帰還を鬱屈した顔で待っていた。「また来ん春と人は云ふ／しかし春が来たつて辛いのだ／春が来たつて何になろ／あの子が帰つて来るぢやない」。苦渋を圧縮した秋田訛りの歌声が寝室に響いてもおかしくない（実際、パソコンのプレイリストには友川カズキが入っていた）。マットレスはとっくの昔に破れ、ガレージのダンプスターに捨ててあった。それからはバカでかい寝袋を布団代わりに絨毯の上に敷いていたが、これも破れ、綿が萎れた腸のように局部から這い出てきたので、やはり「汚れつちまつた悲しみ」のように捨てた。

当日は小さ目の安物の寝袋にくるまってノートパソコンを膝におき、フェイスブックで日本の友人と歴史と地層学の話をしていた。「歴史の段階」という考え方は、18世紀の英国地層学者が炭坑夫や土に詳しい労働者から「盗用」した知識に基づくという話。この直後に津波／地震災害は起こった（嘘みたいな話だけれども、後日フェイスブックの記録をチェックして確認したので、紛う方ない真実である）。

ネットに掲示された地震直後のニュースにはあまり驚かなかった。しかし、数時間経ち、死亡者の数がどんどん増えてくると、「これは大変だぞ」と思い始め、ＮＨＫを始めとするテレビ各局が緊急ニュースを無料ストリーミングしているのを見つけ、いつの間にか釘付けになっていた。

村が津波に流されていく映像、親類を一瞬で失ったという証言、同じイメージとサウンドバイトの永劫回帰。そこには死と直面する経験を内面から掘り下げようとするルポルタージュの意志はなく、国家がどのように災害に対処しているのか（または官僚的思考と制度の中で立ち往生しているのか）といった民主主義社会の報道機関が当然担うべき分析も一切なかった。原発災害に関しても、政府と東電が発信し続けた「東北戦線異常なし」のプロパガンダを盲信的に配布するテレビ媒体からの実質的情報は、ゼロ。このような映像と音の「薬漬け」になっていた私は、ただただ無力感と徒労感に圧倒された。「サブライムsublime」の虜になってしまったのだ。「サブライム」とは一般に「崇高なるもの」と訳されている。何か自分をはるかに超える壮大な存在や現象（神、嵐、災害、戦場、英雄）を目前に、思考が完全に停止・麻痺する「審美的効果」である。

「９・11」のニュースは、運転中、カーラジオで知った。

今にも辺鄙なトレドでさえ何かが起こり、アメリカ全体が急激に変わるのではないかという興奮と戦慄のアドレナリンが入り混じったショック。しかし、１８１２年の戦争でイギリス軍にホワイト・ハウスを焼かれてから約１９０年ぶりに本土を襲撃されたアメリカは、変わるどころか、その最も排他的で好戦的な特性をますます露骨に現わしていく。あれから11年間、現代アメリカ史の短期記憶を陣取っているのはもはや「英雄の死」のスペクタクルではなく、「無名の大衆の死」のスペクタクルだ。アメリカの国家はそれを、周知の通り、テロの根源とは全く無関係の新しい戦争を正当化する言い訳にした。体制／反体制の英雄であれ、無名の大衆であれ、所詮スペクタクルは権力に利用されるサブライムな虚像の集合体に過ぎない。

「３・11」後の日本の大衆は、アメリカの大衆のようにスペクタクルの苦杯を飲み干すことになるのか、それとも、それを斥けることができるのか。その答えは、反原発運動が今歩んでいる「原発廃止」の苦難の道を登り詰め、エネルギー産業の基盤になっている資本主義システムの礎台そのものを打ち倒せるかどうかにかかっている。

＊ Guy Debord, *The Society of the Spectacle*, trans. by Ken Knabb (2005), p. 1: www.bopsecrets.org/images/sos.pdf

はやく人間になりたい

森 元斎

このかん、何故かバンドを組もうかということになり、音楽の趣味が合いそうな人たちに声をかけていたら、そのメンバーのほとんどが避難者であった。なので、バンド名も「避難者」にしようか、などと話している。パンクバンドっぽい名前で気に入っている。それはそうと、私は福岡に滞在することが多いのだが、バンドの仲間は関東から避難して来た友人たち、東北から避難して来た友人たちだけではない。同じ九州内の実家から避難して来たという人もいる。放射能を避けてなのか、また移動の距離を問わず、私たちはなんだかんだいってみんな避難者なのだ。一カ所に定住して生きることは稀である。多くの場合、街から街へ常に移動しつづける。時間的なパースペクティブを大きくとってみてもよい。私たちの親はおそらく私たちが育った場所とは異なるところに出自を持つだろう。祖父や祖母もまたしかり。さらに遡れば、めまぐるしく東アジア周辺を移動していたことだろう。一カ所に定住することは無理に等しいのである。

放射能の学習や計測をテーマにしたトークイベントに呼ば

れ、話しにいくと、聴衆には小さなこどもを育てている主婦が多い（もちろんイベントにもよるが）。中にはやはり避難して来た人もいる。福岡の面白いところは、東京のようにコミュニティが数多くあり、中には規模が大きい集団もあるというわけではなく、決して多くないそれぞれのコミュニティにいろいろなものが凝縮されていて、しかもコミュニティ同士が顔見知りであることにある。僕が話すようなイベントには、思想に興味がある人(?)はもちろん来るのだけれども、先に述べたような主婦だけでなく、経産省から出向して来た官僚や、解放系の自称テロリスト、たまに自称ファシストも来る。決して大きくない街の中で、コミュニティがそれぞれ孤立してあるのではなく、互いがぼんやりとつながっていて、何かイベントをやるとなると、一カ所にぎゅっと集まるのである。だからどんなイベントでも、ずいぶんいろいろな人と話しをすることになる。経産省の官僚であれ、人間である。中には原発に反対の人もいる。しかし仕事上ではそんなことは言えない。彼の話す言葉からはその板挟みの立場が伝わってきて、官僚である以前に「人間」なのだと実感する。テロリストといえども、やはり人間である。毎日アルミ缶を拾ったり、ギターで流しをしながら日銀や九電周辺で反原発ソングを歌って生きている。主婦とはいえ、人間である。こどもを病院に連れていったり、看病したり、なんだりは面倒くさい。放射性物質がまき散らされたせいでこどもの体調が悪くなってしまった日には、もう、うんざりである。

本論でも述べるように、「人間」であること、そしてそこからまた言葉を紡ぐことを私たちは常に考えざるを得ない。官僚であれ、テロリストであれ、主婦であれ、繊細な言葉を探求し始めている。私も同様である。

このかん、その「人間」同士のあいだで数々の亀裂が生じているような気がする。私も言葉尻だけを捉えられて、さんざん罵倒されたりした。「放射能でお前のこどもなど死んでしまえ」「粗雑な唯物論者め」と。しかし、こんなものは所詮、言葉尻だけのやり取りにすぎない。人と人がつっぷしたとき、言葉で捉えられない空気というものが生まれる。そしてその空気をつかんだ上で発することができる言葉がある。そうしたある種の空気をつかむことに関心のない人たちは不幸である。人と人との笑いや喜びといった感性的なもののやり取りを知らない。「理性」（やそこから生まれる「科学」）が感情や感性と離れて成立すると思っている。そういうひとたちほど思想家の言葉を借りて、「非人間主義」を言い立て、自分だけ「超人」であるかのようにふるまう。ところが、そもそもの「非人間主義」の根底には人間への大いなる信頼がある。信仰がある。その上で非人間的なものの偉大さを語るのである。空気がつかめないと言葉尻だけで勝手に世界を「非人間化」してしまう。そしていうまでもなく、非人間主義においても問題となっているのは依然として「人間」である。経済成長著しい時代、ある程度安定した時代には、思想家の言葉が独り歩きしても大した害はなかったかもしれない。しかしそうした時代は過ぎ去った。人間がなんとか土壇場で「人間として」生きながらえようとしている姿を、私たちはいま目撃している。自分ももがきながらも、それに手を差し伸べざるをえない。私も人助けは苦手である。しかし守ってやりたい人たちが大勢いる。経済的な水準の話ではない。気持ちの問題だ。

　まだ繊細な言葉が充分に生まれでているとは思えない。がしかし、少しずつ生まれているのは事実であるとも思う。繊細な言葉を生み出し、その上で交感すること。こうした営為によってこそ、「人間」になれるのではないだろうか。はやく人間になりたいものである。

それからの一か月

白石嘉治

　フランス語教科書の共著者たちと編集者をまじえて、東京にある大学の非常勤講師室で会議をしているときでした。古い建物です。ちょっとまずいなと思いながら、ゆっくりとテーブルの下にもぐりこみました。スチール製のロッカーが、木の床のうえをすべっているのが見えました。

　すぐにわかったことは、同じ部屋にいても身振りがことなっていたことです。行動の速度やタイミングはそれぞれでした。印象的だったのは、これぐらいは大丈夫と大きな声でいいながら、ずっと会議室のパイプ椅子にすわっていたひとがいたことです。こうしたちがいは、その後の日常生活のアレゴリーとして想い起こすことがあります。

　当然、会議はすぐに中止です。地下鉄はたぶん使えないと判断して、共著者や編集者といっしょに山手線の恵比寿駅まで歩きました。一五分ぐらいの距離です。余震があるたびに立ち止まりました。電柱はゆらゆらと揺れていました。意外だったのは、街の建物そのものにダメージがみられなかったことです。近道をするために寺院の境内を横切ったのですが、石灯籠などもそのままでした。携帯は通じません。編集者はつぎの打ち合わせに遅刻するのではないかとしきりに心配していました。

事態の片鱗を知ったのは、恵比寿駅の改札でした。モニターにはニュースの映像が写しだされていました。いったん解散することになったのですが、編集者が打ち合わせのキャンセルの連絡をしたいというので、近くの「ルノアール」に案内しました。そこにある固定電話ならばつながるかもしれないと思ったからです。何か食べておく必要を感じました。コーヒーのほかにケーキも注文しました。

ひとりになると「喫茶銀座」に向かいました。そこにはテレビがあります。ニュースのアナウンサーは白いヘルメットをかぶっていました。すぐには動けないことがわかったので、鞄から『遠野物語』をとりだしました。『古事記』について書くために持ち歩いていました。本居宣長にせよ吉本隆明にせよ、ことばをつうじて根底におりていく。民俗学のはじまりには、そうした降下のエッセンスがある。それは黒田喜夫の語る『古事記』の情景とどうちがうのか——そんなことをぼんやりと考えていました。テレビからは状況がつぎつぎとつたえられます。遠野は大丈夫だろうか？　山手線の運休を知ったのは夜七時ごろのことでした。

それからの一か月は半年ぐらいのように感じました。

正確にいうと、そのことに気づいたのは、さらに一年以上たってからです。池上善彦さん（元『現代思想』編集長）が中国にいくので、ちょっとお別れをいうために、矢部史郎さんや彼の『ゼロベクレル派宣言』を編集した吉住亜矢さんといっしょに会っていたときです。二〇一一年四月の高円寺のデモの話になり、それがあの日からほんの一か月後であったことをはじめて意識しました。

呆然としていたのでしょうか？　池上さんは、その一か月の静かさを戦後直後になぞらえながら「みんな必死で放射能について勉強していた」といっていました。どちらでもあるでしょう。ただ、この二度目の戦後のなかでは、もう時間そのものがスムーズには流れていません。時間の持続に無数の断裂が走っています。スピノザはそうした裂開の共鳴を「永遠」と呼びました。「われわれは自分が永遠であると感じ、またそれを経験する」。この「永遠」の感覚は、核汚染を生きるわれわれにとっては「コミュニズム」への直観でもあるでしょう。沈黙の一か月のなかで書きついだ『古事記』論の末尾では、黒田喜夫の詩句を引きました。彼は母親にこう問いかけられています——「革命ってなんだえ／またお前の夢が戻ってきたのかえ」。

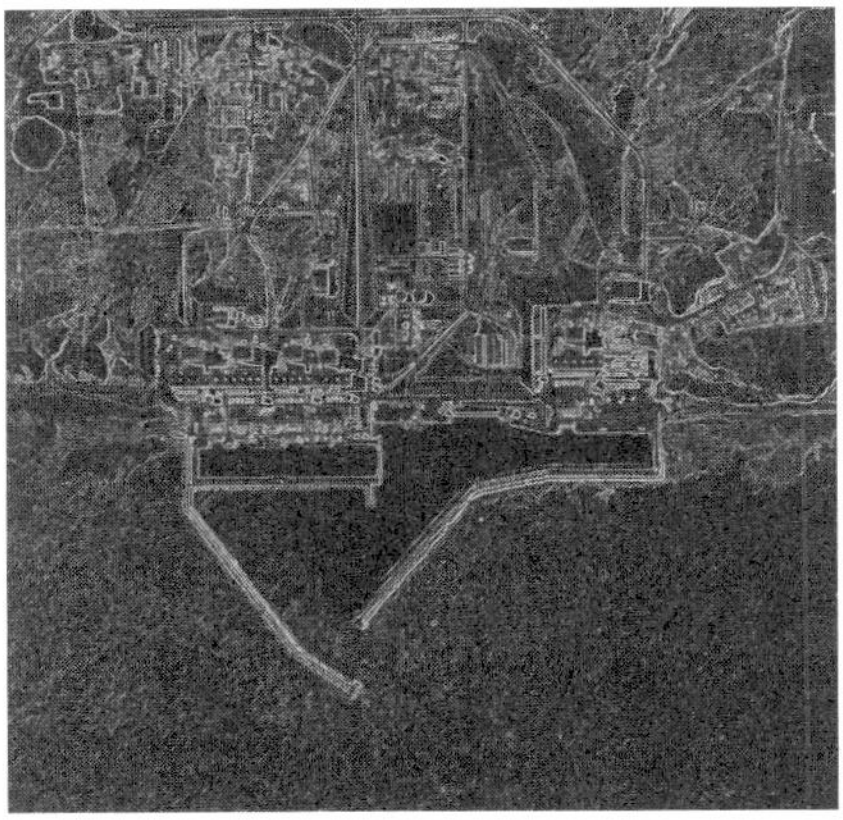

Annual Report on
Radioactive Society
#1 2012-2013

受忍・否認・錯覚

閾値仮説のなにが問題か

矢部史郎

❖はじめに

東京電力・福島第一原子力発電所の事故は、ＩＡＥＡ（国際原子力委員会）の事故評価尺度で「レベル７」という大惨事となった。福島第一原発から放出された放射性物質は、東北地方のみならず関東平野全域に降り注ぎ、約４千万人の人口を包み込んだ。地表に落ちた放射性物質は回収されず、現在も東北・関東地域の住民は放射能汚染にさらされている。

放射能拡散後に多くの人々にとって脅威となるのは、いわゆる「低線量被曝」の問題である。

ＩＣＲＰ（国際放射線防護委員会）が勧告する一般人の被曝許容線量は、年間１ミリシーベルト、自然放射線を年間１ミリシーベルトとして、あわせて年間２ミリシーベルトである。この勧告の根拠となっているのは、「低線量被曝」の健康影響について示された、いわゆる「閾値《しきいち》なし直線（ＬＮＴ）モデル」である。ＩＣＲＰは放射線による健康被害の「閾値」（これより被曝線量が少なければ被害のリスクがゼロないし無視しうるものになるという境目の値）はないとして、どんなわずかな線量でも健康被害の恐れがあるとしている。

日本政府はＩＣＲＰの勧告に反して、一般人の被曝許容線量を「年間20～１００ミリシーベルト」まで引き上げている。また、放射性物質を含んだ汚染食品を１キロあたり１００ベクレル未満であれば流通させるとしている。放射性物質を含んだ焼却灰については、１キロあたり８０００ベクレル未満であれば通常の処分方法をとることを許可している。法的には回収し密封しなければならない汚染物質について、放置し、食品や物品にのせて拡散させてしまっているのである。

日本政府のこうした政策を後押ししているのは、「低線量被曝」にたいする過小評価である。ＩＣＲＰの「閾値なし直線モデル」に反して、日本政府は「閾値」があるだろうという立場にたってしまっているのである。

問題を困難にしているのは、「閾値」という発想が、政府だけでなく市民にとっても受け入れられやすいものであるということである。放射性物質を大量に取り込むのは問題だが、微量であれば健康被害はないだろう、という発想だ。

事故が起きる以前、政府と原子力技術者たちは、原子力発電所が事故を起こす可能性は地上に隕石が落ちてくる可能性ほど低い、と繰り返してきた。そしてそれは広く市民にも信じられてきた。これは現在では「原発の安全神話」と名指しされ、原子力問題の核心として認識されている。福島第一原発の爆発によって、「原発の安全神話」は崩壊した。しかし「安全神話」が完全に息絶えたわけではない。福島第一原発からの放射能拡散という事態を前に、政府と技術者たちは「放射能の安全神話」にとりつかれている。チェルノブイリ事件の顛末を参照しても彼らは動じない。まるで「日本の放射能は安全です」とでも言うかのような対応である。１９８６年、チェルノブイリ原発が炎上した直後、彼らは言ったのだ。「日本の原発はソ連の原発とは違うのだ」「日本の原発は安全です」と。今回もまたその過ちを繰り返すことになるだろう。問題の領域が工学から医学へと変わっただけである。おびただしい被曝と流血のなかで、日本の放射能は安全か否かが議論されることになるのだ。

本稿では、放射能の安全神話が広く一般に流布され市民に受容されていく過程を念頭におき、

「閾値仮説」を批判的に検討する。

まず技術的な観点から、「閾値仮説」のなにが間違いであるかを明らかにする。

つぎに、この仮説が表現するモデルが人々に与える錯視と心理的効果を明らかにする。

最後に、放射能の安全神話を支えるイデオロギーの問題に言及する。

❖技術的問題

人体の被曝経路はおおまかに二つが考えられている。外部被曝と内部被曝である。

外部被曝は、体外にある放射線源から放射線を浴びせられた被曝である。

内部被曝は、体内に取り込まれた放射線源が体内で崩壊し、人体が内部から撃ち抜かれる被曝である。


「閾値」をめぐる論争とは、低線量被曝をどのように評価するかという論争であり、その根幹は、内部被曝をどのように評価するかという問題である。

ＩＣＲＰの提示した「閾値なし直線モデル」は、どれだけ低線量であっても、健康影響があるとするものである。このモデルが前提とするのは、内部被曝の影響の有無を証明するデータはないという事実である。内部被曝の調査をしたデータは過去にないし、おそらく将来的にもデータをとることはできないだろう。内部被曝に対する人体の耐性は証明されていない。だから、人々の抱く素朴な閾値感覚は、退けなければならないということだ。

これに対して、閾値仮説を唱える学派は、これまでの実験と疫学統計によって「閾値」が証明されていると主張している。例えば、電力中央研究所は１００ミリシーベルト未満の線量域では健康影響はないとしている。なぜ彼らがこのような主張をできるかというと、内部被曝を無視しているからである。

閾値派が根拠としている疫学統計は、主要には広島・長崎の被爆者から得られたものである。問題は、この「統計」にどれだけの信憑性があるかということだ。

まず根本的な問題として、どのようにして被曝線量を評価したのかという問題がある。これが統計であるからには、対象となる個々人の被曝線量を定めているはずである。ある人の被曝線量は〇ミリシーベルトであったと記録する。だが、どのようにしてそれを測定したのか。どのような方法で、どのような機材を利用して、被曝線量を確定することができたのか。

内部被曝がおきる環境は、管理された空間内で放射線源を操作しているのとはまったく違う環境である。どのような経路でどれだけの量の核種が移動・蓄積し人体に取り込まれたのかは、容易には把握しがたい。したがって、ある人が被曝したか否かを知ることすら容易ではない。また、被曝したことがわかったとして、その人の被曝線量がどれだけであるかを測定するのは非常に困難である。

測定の困難さは二点ある。

問題の第一は、放射性物質は消える物質であるということだ。

大気中に放出される放射性核種は複数ある。ウラン、プルトニウム、セシウム、ストロンチウム、イットリウム、トリチウム、ヨウ素、キセノン、銀、等々、書きだせばきりがないほど多様である。それぞれの核種によって崩壊する寿命は違う。プルトニウム２３９は半減期２万４千年と長寿命だが、ヨウ素１３１は半減期８日と比較的短命である。ヨウ素１３１は８日間のうちに半分が崩壊し、次の８日間で４分の１が崩壊し、次の８日間で８分の１が崩壊する。そうして２カ月後には、取り込んだ量の２５６分の１まで減少していく。ある人がヨウ素１３１をどれだけ取り込んだかを知るためには、ヨウ素１３１が崩壊しきってしまう前に調べなければならない。しかしそのような調査を大規模に実施することは実際には不可能である。だから、ヨウ素１３１のような短命な核種による被曝線量は、推定される拡散量と、人々の行動記録から、どれだけ摂取したかを推測するという以外に方法がない。

問題の第二は、放射性物質のなかには、測定できない核種が含まれているということだ。体内に存在する核種をもれなく測定する方法がないのである。

現在は、体内にとりこまれた放射性物質を知るために、尿検査かホールボディカウンタが利用されている。いずれの方法も核種の全てを調べることはできない。

尿検査は、尿に排出された核種の量から体内の核種の量を調べる方法だが、これは、肺に取り込まれた核種については充分にわからない。また、ストロンチウム（89 Sr、90 Sr）という核種は骨に取り込まれてしまい体外に排出されないため、尿検査でその量を知ることはできない。

ホールボディカウンタは、人体をまるごとシンチレーションカウンタで測定するものだが、これはγ線を放出する核種についてしかわからない。ストロンチウムはβ線しか放出しないので、γ線の検出器（ホールボディカウンタ）では把握することができない。仮に、ガイガーミュラー計数器のようなβ線の測定器を体にあてたとしても、体内で放出されたβ線は人体に吸収されて遮蔽されてしまうから、人体の外部からその量を知ることはできない。現在利用されている測定方法と測定機材では、体内に入ってしまったストロンチウムを測ることはできないのである。だから、ストロンチウムの摂取量については、セシウムなど他の核種の量から推測する以外に方法がない。

現在の測定技術では人体内部の放射性核種を知ることは困難で、ヨウ素とストロンチウムという代表的な二つの放射性核種に限定しても、それを知る方法は推量しかないのである。科学的データの厳密さを要求するならば、これは「あて推量」と言ってもさしつかえないレベルである。これは、「閾値」という定量的議論を試みるうえでは、はなはだ心許ない「データ」である。閾値仮説は、「データ」を示すことで自らの主張を科学的に見せるように粉飾しているが、実はその根拠とする「データ」なるものがそもそも実体を伴わない机上の空論なのである。

問題をまた別の角度から概観すれば、広島・長崎の被爆者から得られた「疫学統計」というものは、科学的にみて非常に疑わしいものだ。原爆の被爆者を調査したＡＢＣＣ（原爆傷害調査委員会）は、当時から現在に至るまで一貫して、「残留放射能（放射性物質）は存在しない」と主張してきた。この見解が当時の政策によるものであったのか、それとも科学者たちの無能によるものであったのかは、ここでは措く。いずれの理由にかかわらず、広島と長崎では内部被曝の調査研究は実施されなかったのだから、当時の疫学統計なるものを現在の議論に適用することはできないのである。

以上の技術的問題に加えて、医学的観点から、線量評価という方法そのものの信憑性も問われてしかるべきである。現在は放射線量を単純に積算した値をもって「低線量」とか「高線量」とみなしているが、そうしたアプローチが人体への影響を考えるうえで充分なものかどうかを検討しなければならない。

一般的に言って人体というものは、量よりもバランスに、そしてリズムに支配されがちである。例えば、摂食や睡眠において重視されるのは、量である以上にバランスであり、そのリズムである。人々が健康状態を「体調」と呼び、その異変を「調子が悪い」とか「変調」とか呼ぶのは、人体をある種の旋律（調べ）とみなしているからだ。このありふれた表現は、医学の土台となる重大な観点を含んでいる。

人体の「調子」はさまざまな要素で構成されていて、その要素をどれだけ多く数え上げることができるかが医療活動の要である。人体は何によってあるのか。量か質か、空間的にか時間的にか、濃度、頻度、構造を構造化するしくみ、流れ、等々。医療従事者は人体の複雑さに対面しながら、音楽家のような繊細さ（そして鷹揚さ）を要求される。こうした観点にたつとき、人体と被曝をめぐる現在の議論は、問題を充分に捉えていないように思われる。

人体の細胞のいくつかが放射線によって破壊されたとする。このことを、建物を構成するレンガブロックのいくつかが破壊されたと考えるのか、それとも、ピアノの鍵盤のいくつかが破壊されたと考えるのか。人体を建造物のように考えるか、旋律を奏でる楽器のように考えるか、あるいはもっとラディカルな視点をとって、人体を旋律そのものとして捉えるのか。そうした観点のとりかたしだいで影響評価の方法は大きく変わってくるだろう。人体の旋律的性格を重視するならば、「被曝線量」という量的議論だけを絶対視したり自明視したりするのは危険である。それは奥ゆきをもつ人体の表面を眺めているにすぎないからだ。

人体をどのようなものとして考えるかという問題はここでは措くとして、話を戻そう。

ひとまず問題が被曝線量の多寡にあるとして、それらを定量する方法がないということを確認しておきたい。すべては推量であると考えてよい。福島第一原発がどれだけの量のヨウ素を放出し、キセノンを放出し、ストロンチウムを放出したかは確定されていない。東京電力が発表する推定と、いくつかの事故調査委員会の推定と、ＷＨＯの推定が、大きく食い違っているというのが現実である。２０１１年３月の下旬に横浜市の公園で砂遊びをしたある児童がどれだけ被曝したかは、誰にもわからない。それは「低線量だからわからない」のではない。それを調べる方法がないのである。

❖暗示と錯覚

以上に述べたことから、現在日本政府が採用している閾値仮説は、科学的であるよりも神話的性格を色濃くもった説であると言うことができる。この説の神話的性格を指摘するためにはただ一言、「被曝線量を定量する技術的裏付けがあるのか」と問えばよい。実際にはなんの裏付けもなく、ただ想念のなかで「低線量」とか「高線量」とかを想い描いているにすぎないのである。閾値仮説が神話であることを確認したうえで、ここからはこの神話の実際的機能について考えてみたい。

神話は人々の思考を封じ込め、社会を統制する機能を持つ。科学が物質に働きかけるのに対して、神話は人間の観念に働きかけ、社会を管理・操作する。神話を批判するには、それが科学的でないことを指摘するだけでは充分でない。神話が備える内的論理に分け入って、その想念のなかで人間がどのように迷信を生きるのかを分析しなくてはならない。

ここからは閾値神話の分析を、その内的論理に沿って進めてみたい。

多くの人々にとって、「閾値があるだろう」という感覚は、まず素朴な実践感覚から始まる。我々はふだん細菌やウイルスと対抗しつつ、どこかで手抜きをして、人体の免疫機能をあてにしている。食品流通や外食産業の現場が実際には不衛生であることを知りつつ、少しぐらいの雑菌なら病気にならないだろうとたかをくくっているのである。そうした日常的な実践感覚の延長で、放射性物質は摂取されていく。

つぎに、被曝による健康被害が顕在化することによって、放射性物質が既知の毒とは違うということが理解されることになる。ここで閾値感覚の素朴な段階は終わる。ここからは「科学的」に提示された閾値仮説の参照、検討、そして応答の段階に入る。ここで私が「応答」と書くのは、閾値仮説がたんなる一学説ではなく、政策的で権威主義的な指令を含んだものとしてあるからである。

素朴な閾値感覚は、それが終わる段階で、「閾値なし直線モデル」と「閾値モデル」を重ね合わせたグラフを見ることになる。人々は閾値について考えるとき、このグラフを思い浮かべることになる。そのとき我々は、閾値モデルの曲線が「低線量域」の影響予測を二つに分割しているさまを思い浮かべ、前提にするのである。これは素朴な閾値感覚とは異なる。人々はＩＣＲＰと日本政府との論争を知り、「閾値なし直線モデル」との対抗関係のなかで閾値仮説を支持していくのであり、より意識化された受忍の態度が形成されるのである。

汚染された地域の住民にとって、被曝は一過性のものではなく累積していく性格のものである。住民の被曝線量は毎日着実に累積し、高線量域へと向かう。しかし閾値仮説が議論されているあいだ、多くの人々は自分自身の被曝線量を「低線量域」に仮定してしまう。それは、爆心地に近い福島県民にとっても例外ではない。学者が「低線量域」を議論しているあいだ、実際には高線量域にある人々が「低線量域」という間違った仮定に封じ込まれ、自分自身の被曝状態を把握

図1

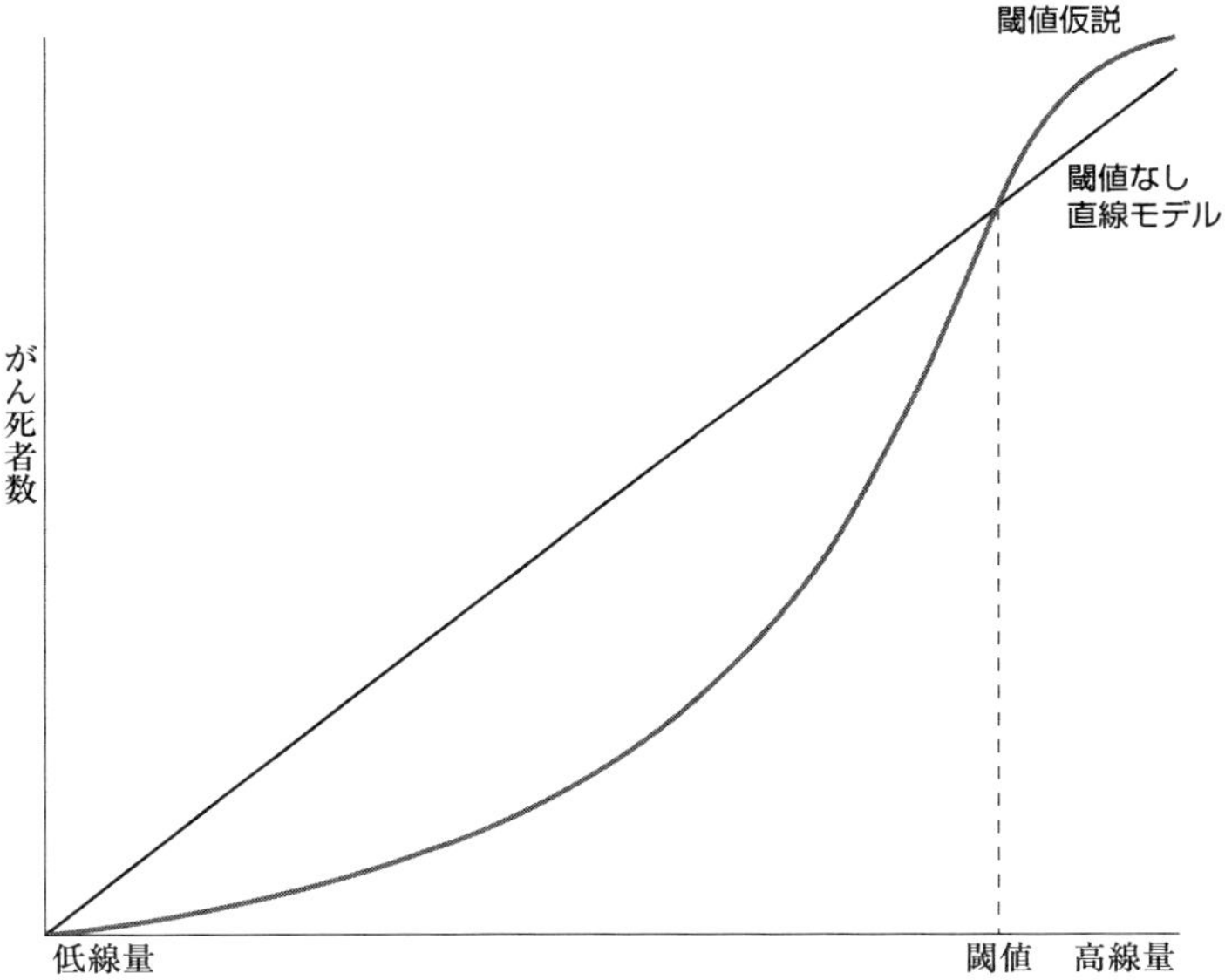

し損ねることになる。

二つのモデルを重ねたグラフを図1に示す。

閾値仮説のモデルで注目すべきは、低線量域でのわずかに上昇しながら弧を描いて伸びていく曲線である。閾値モデルは低線量域における被害を完全に否定するものではない。わずかだが確実に影響があるとしているのである。もしも厳密な意味で「閾値」というならば、ある線量域未満については影響がないとするべきだが、このグラフではそうはなっていない。これが「閾値」モデルの第一の特徴である。

❖暗示される恐怖

「低線量域」の神話的モデルのなかで、人々は被曝線量と被害をシミュレーションする。一般に、閾値仮説は「被曝被害を過小評価する」ものとして認識されている。それは、閾値を主張する学者自身も認めるところだろう。閾値学派は「人々に安心してもらう」ために、この仮説を提示しているはずだ。少なくとも学者の主観としてはそうだろう。

しかし、閾値仮説が閾値なし直線モデルへの対抗として提示されているとき、つまり二つの被害予測モデルが重ねあわされているとき、問題はそれほど単純ではない。

仮に、ある地域でがん死者数がわずかに上昇したとする。この上昇分をy1としてグラフに書き込んでみる（図2）。

がん死者の数y1から、この地域住民の被曝線量を見ようとするとき、閾値なし直線モデルを参照した場合はx1、閾値仮説を参照した場合はx2となる。このグラフでは二つのモデルが併記されているから、一つの値（y1）から、二つの推定（x1、x2）が導かれる。

閾値仮説が想定する被曝線量x2は、閾値なし直線モデルの想定する被曝線量x1よりも大きいものになる。住民は自分たちが被っている汚染がより小さいものであって欲しいと願うわけだ

図 2

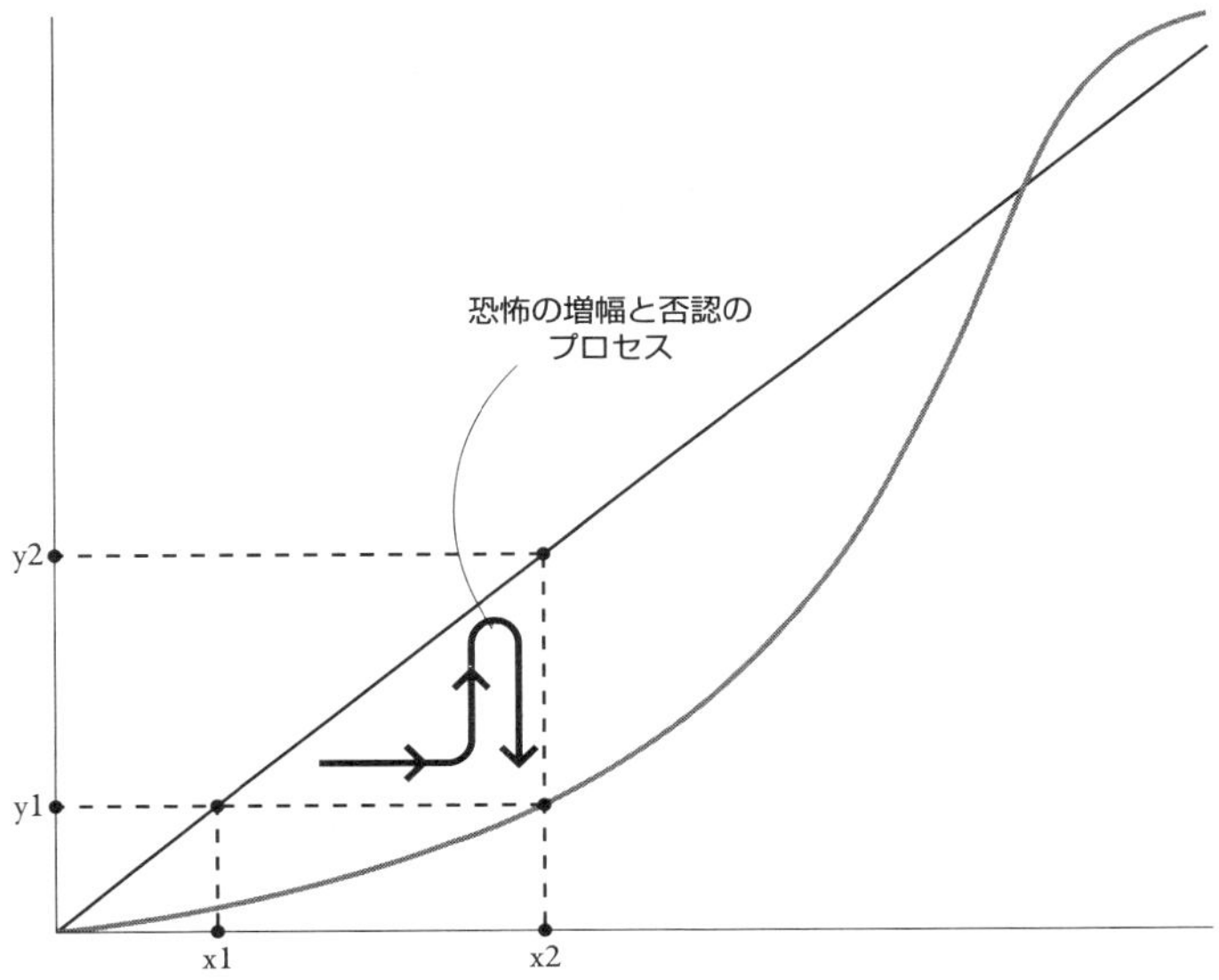

が、そうした素朴な期待は裏切られる。閾値仮説の曲線はつねにより大きい被曝線量を人々に宣告する。

閾値仮説は、被曝線量に対する健康被害をより小さく想定するものであるから、それは裏返せば、住民の健康被害に対して被曝線量をより大きく想定するものなのである。ここでは、被曝線量がより小さなものであってほしいという素朴な心情は裏切られる。ある人が閾値仮説を信じようとするとき、彼はx1とx2が示す差分に視線を往復させながら、より大きな被曝線量x2を認め、覚悟しなければならない。

問題はここで終わらない。閾値仮説

を信じることに決めて被曝線量x2を覚悟したうえで、それでも、閾値なし直線モデルは脳裏をよぎる。y1の点から水平方向に泳いでいた視線は、閾値曲線を反射して、つぎに垂直軸に向かう。二つのモデルが併記されているグラフでは、一つの被曝線量（x2）に対して、二つの被害者数（y1、y2）が導かれる。ある地域住民の被曝線量がx2であったとしたとき、では、本当のがん死者数はy1ではないのではないか。実際には「がん死者」としてカウントされていない隠された被害があるのではないか。あるがん患者が亡くなったとき、その死因を「多臓器不全」と書くことは可能であり、医師による死因の記述は厳密に管理されているわけではないのだから、統計上の「死因」はそのていどの信憑性しかない。統計にあがらない実際のがん死者数がy2であるということは充分にありそうな話だ。

グラフを見つめる視線はy1とy2の間を揺れ動くことになる。そうして、閾値仮説を信じるということは、y2の可能性を否認しなければならないのである。

ここまでの展開を整理しよう。二つのモデルが併記されたグラフのなかで、閾値仮説を参照しようとするとき、我々はまずふたつの被曝線量x1とx2から、x1を退けてx2を選びとらなければならない。次に、x2から想定されるがん死者数y1とy2から、y2の可能性を否認してy1を選びとらなければならない。我々はまず想定される被曝線量をx1からx2へと増幅させ、つぎに、被害者数をy1からy2へと増幅させ、最後にy2を否認してy1へと戻るのである。

ここには通常なら起きようのない混乱があり、恐怖がある。原因は二つのモデルが併記されていることにある。もしも閾値なし直線モデルだけが提示され参照されていれば、このような無用な混乱は起きない。議論はもっとシンプルなものになるはずだ。しかし、閾値仮説が対抗的に提示されていることで、恐怖が増幅し、混乱が生みだされている。閾値仮説を主張する学者は、人々の無用な混乱を避けるために、あるいは人々の恐怖をやわらげるために、閾値仮説を主張するのだと言う。彼らの主観としてはそうなのかもしれない。しかし客観的にみて、人々の判断を混乱させ恐怖を増幅させているのは、ほかならぬ閾値仮説なのである。

❖受忍と否認

ある被曝線量xに対して、二つの被害者数（y1、y2）が想定され、より大きな被害者数y2が否認される。閾値仮説は仮定された「低線量域」において、常にこうした否認の作業を伴う。

ここで、仮定される「低線量域」において、閾値仮説が認める被害者数をA、いったんは想像されながら最終的に否認される被害者数をBとする（図3）。

Aの領域は、閾値仮説が確率的に健康影響があるだろうと想定している領域である。これは、

図３

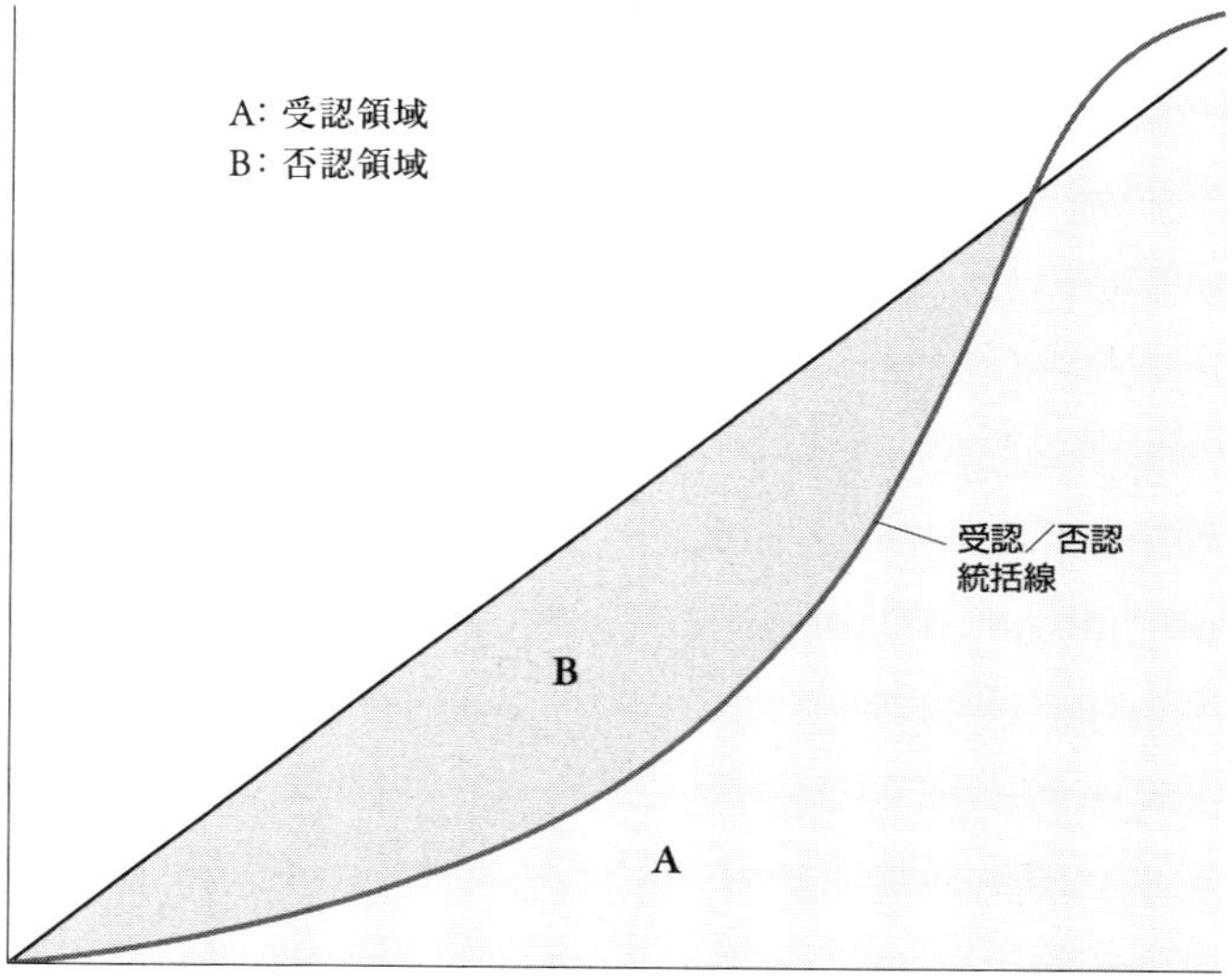

政府がクリアランス制度を貫く限り、人々が受忍させられる被害である。問題はクリアランスのベクレル量が多いか少ないかではない。放射性物質が流通する限り、ある「少数」の人々は必ず被曝被害を受忍させられる。彼らは政府による放射線防護措置を公然と放棄されるのである。これを本稿では「受忍領域」と呼ぶことにする。

Ｂの領域は、ＩＣＲＰが被害を想定しつつ、日本政府によって被害を否認される領域である。政府はこれまで原爆症認定訴訟や数々の公害訴訟において、被害認定の足切りを行ってきた。健康被害の認定が、科学的判断よりも政策的判断を優先してきたことを考えれば、Ｂの領域は（政治的理由で）被害認定を争わなければならない「グレーゾーン」になる。被害者は社会的圧迫や道徳的断罪にさらされ、その多くが泣き寝入りを強いられるだろう。ここでは、政府による放射線防護措置が隠然と放棄されることになる。この領域を本稿では「否認領域」と呼ぶことにする。

被害者数ＡとＢを二つに分割している曲線を、「受忍／否認統括線」と呼ぶことにする。これは、被害の認定を操作する任意の弧である。これが任意であるというのは、弧を決定する根拠が薄弱であり、弧の深さを自在に操作することが可能だからである。

Ａの受忍領域も、Ｂの否認領域も、政策的にはどちらも放射線防護措置の放棄である。実際には結論はひとつである。閾値仮説の曲線を「受忍／否認統括線」と呼ぶのは、二つの領域が仕切られているのではなく、実際には緊密に結びついているからである。それは、受忍と否認を単一の指令（受忍／否認せよ）に統括する線である。

問題はこの政策的命令が政府関係者だけのものではなく、社会に浸透してしまうことである。政策決定者であれ一般公衆であれ、このグラフを思い浮かべる人々は、Ａの領域と同時にＢの領域を思い浮かべている。このとき、「受忍する」という判断は、Ａの領域だけを素朴に思い浮かべているのではなくて、Ｂの領域を否認することを伴っている。ＡとＢはコインの両面のようにあって、Ｂ領域を否認するという仕方でＡ・Ｂ全体を受忍し、Ａ領域を受忍するという仕方でＡ・Ｂ全体を否認するのである。閾値仮説が要求する「受忍」とは、そのコインの裏側に必ず否認を含んでいて、受忍することは否認することなのである。だから、大震災後の愛国的気分のなかで、人々が「みんなで受忍しよう」と号令をかけあうとき、それは必然的に「みんなで否認しよう」という号令を含んでいるのである。ある人が、「福島産食品を食べて応援しよう」と行動したとき（受忍）、他人に対しては「細かいことを気にしていたら何も食べられないよ」という働きかけ（否認）を生みだすのである。こうした行為に科学的根拠はない。ここにあるのは、閾値仮説が挿入した統括線の権威であり、学説という見せかけで表現された指令である。

❖想像される「社会の不全」

このグラフが暗示しているのは、受忍／否認の指令だけではない。このグラフはある錯覚の効果によって、人々の否認傾向を加速させる心理的機制を生みだしている。

このグラフの線量の軸に、ある値（x1・x2・x3）を仮定し、それぞれの健康影響を線分にして表した（図4）。ある線量における閾値仮説の被害想定をａ、閾値なし直線モデルの被害想定をｂとする。

図４

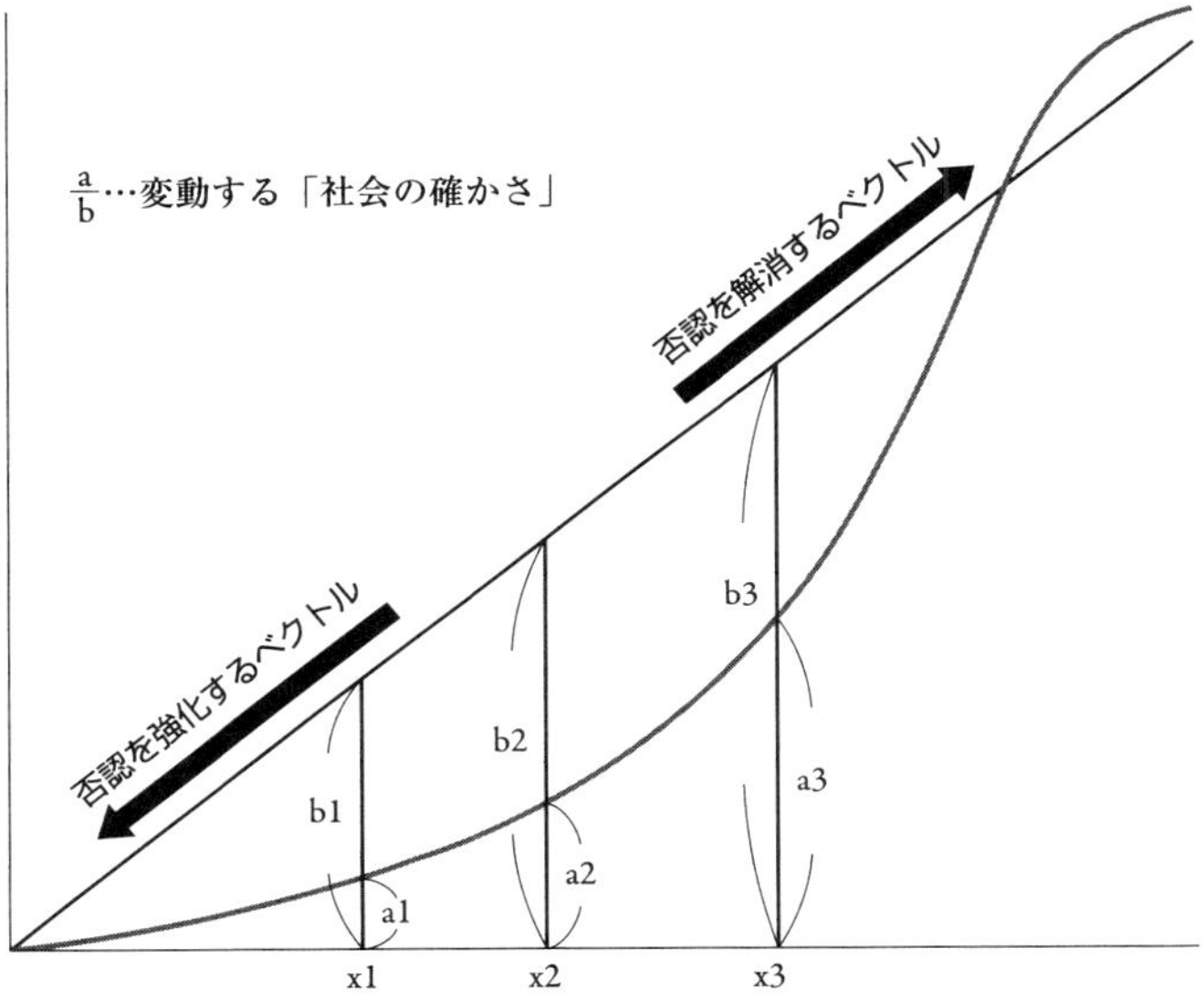

ａは閾値モデルが公式に認める健康影響であり、重汚染地域のがん患者はここに含まれるだろう。ｂはＩＣＲＰが予測する健康影響である。ここには、公式には被害を認められず、放射線被曝との因果関係を隠されてしまう健康影響が含まれている。これらの被害（ｂ－ａ）は充分な原因究明もなされず放置されることになるだろう。

ａとｂの比は、社会的制度的に管理される身体と、私的な自力救済に委ねられる身体との比と言うことができる。これを言い換えれば、ａ／ｂとは社会制度の包括性であり、盤石さである。ａ／ｂが大きいとき、我々は公的医療制度に充分な信頼を置き、ａ／ｂが小さいとき、公的医療制度などまったくあてにできないということになる。

問題は医療機関にとどまらない。汚染を測る検査制度、保健所、食品流通、都市インフラの整備事業、教育機関は、ａ／ｂの変動に伴って人々の信頼を失っていくことになる。

ここに表現されているのは、社会の不全である。福島県、宮城県、栃木県、群馬県、茨城県、千葉県、埼玉県、東京都の各自治体は、確定できない被曝線量値をめぐって、変動するａ／ｂに翻弄されることになるだろう。

この宙づりにされた状態を解消するためには、つまりａとｂの乖離をできるかぎり少なくして社会の不全を（想像的に）解消するためには、二つの方法がある。一つは被曝線量をほとんどゼロであると見積もることであり、もう一つは被曝線量が閾値に達しているとみなすことである。ａとｂの乖離は直線と曲線がつくる二つの交点で解消されるから、否認領域Ｂを見つめる視線は左下と右上の両極に向かって分化するベクトルを生みだす。そして、人々がもっぱら「低線量」を願望しているとき、このベクトルは被曝線量の過小評価を加速させてしまうことになるのである。グラフのもたらす錯覚の効果が、際限のない否認傾向を生みだすことになる。

ここでもういちど繰り返すが、このグラフは実体を伴わない、あくまで想像的なモデルであり神話である。客観的な被曝線量値を確定できないなかで、人々は主観的に被曝線量を想像し、被害予測を見積もっているにすぎない。その仮定に仮定を重ねた想像的な被害予測のグラフ上で、我々は社会が宙づりにされる姿をシミュレートすることになるのだ。

現代の都市生活にとって社会制度は不可欠である。これまで医療や教育が分業化されることを多くの人々は支持してきたし、それに依存してもきた。放射能拡散が起きる以前、我々は非常に多くのことを自分でやらないですませてきたのである。だから、社会の不全（a／bの縮減）とは、にわかには受け入れ難い事態であり、それ自体大きな脅威として受けとめられるものだ。

放射線の恐怖とは、その物質の毒性にたいする恐怖だけではなく、社会の不全にたいする恐怖を伴っている。閾値仮説の曲線はその恐怖をよく表現している。いや表現するという以上に、このシミュレーションモデルは人々の意識にむけて社会の危機を暗示し、あるいは脅迫として作用することになるのである。

閾値仮説のグラフには二つの錯覚が用意されている。まずこの仮説は、多くの地域・住民・行政機関に、自分たちの被曝線量が「低線量域」にあるだろうという錯覚をもたせる。そしてつぎに、人々が「低線量域」の分割された二つの面に注目したとき、そこには線量の変動に伴って増減する否認領域、つまり、社会の不全が暗示されている。社会に忠実であろうとする人々、あるいはたんに社会に依存している人々は、その任務意識や依存心を刺激され、社会を護持したいと願うことになる。彼は、「低線量域」という仮定のなかでも、さらにできるかぎり低線量であってほしいと願う。そして何度も繰り返し述べてきたように、このグラフの示す「被曝線量」とは実体を伴わないモデルにすぎないものだから、彼はほとんど何の制約もなく想像的な「低線量」を信じることができる。このモデルをまなざし、シミュレーションを経ることによって、自分で自分をだますという隘路に誘導されてしまうことになるのだ。これが、錯覚の効果によって生みだされる否認傾向である。

ある人は放射線の見えない恐怖を克服するために、いま行われている科学的議論を調べ、自ら検討しようとする。そうしてこのグラフを見るとき、彼ははじめに意図したのとはまったく反対に、暗示にかけられてしまう。科学的であろうとする試みは反転し、言葉にしがたい恐怖に支配されることになる。彼は誰よりもつよく恐怖に駆られ、現実に起きている事態を否認し、問題の想像的解決に迷い込んでしまう。つまり迷信の世界に踏み込んでしまうのだ。

❖閾値のイデオロギー

これまで、閾値仮説が錯覚・暗示・脅迫によって現実を見えなくさせることを述べた。ではこの錯覚を覆すためには何が必要なのか。

被曝というものをわずかでも受忍しないことである。被曝を受忍するような社会とは縁を切ることだ。

被曝を受忍する社会とは、被曝を受忍させる社会である。汚染地域の住民が社会を護持するために被曝を受忍するとき、それは現実には自分以外の誰かに被曝作業を強いることで社会を護持するということである。おそらく福島県は今後も「復興」を諦めないだろうが、福島県政が「復興」を試みるあいだ、その関連事業は多くの人間の生き血を要求する。復興事業に関わる作業者は確実に被曝する。彼らの被曝被害は「社会的」に受忍／否認され、この「社会」は人間を生贄にしたことすら忘れてしまうだろう。

問題はずっと以前から原発労働の被害者によって告発されてきたことである。原子力のある社会とは、人間の生き血を要求しつつ、そのことに無関心であり続けてきた「社会」である。閾値仮説の曲線が、閾値未満の線量においても被害を想定しているということを、それが何を意味するものであるかを、我々はいま熟考するべきなのである。原子力産業は神話によって人々を説き伏せ、人間を生贄にすることを正当化してきた産業である。そして原子力のある社会とは、生贄の存在を知りながらそれに目をつぶることで成立してきた「社会」にほかならない。

今回の原発事故によって、「原子力の安全神話は崩壊した」と言われている。私はそうは思わない。神話の問題は、彼らの主張する原子炉の安全性が虚偽であったということをもって決着するものではない。それは問題の表面をなぞっているにすぎない。問題の根本は、原子力政策が、たとえ少数であれ人間を犠牲にすることを正当化し、それを受忍させてきたということにある。人権を謳う「民主的」政府が、人権を蹂躙する反民主主義を内包し、それを政策として公然と貫いてきたことにある。

被曝労働者の人権を侵してきた「閾値」の神話は、いま社会の全領域に適用され、胎児や乳児までが受忍を要求される事態を生んでいる。放射能の安全神話は崩壊するどころかむしろ拡大していると言える。そうして我々はこれまで被曝労働者の被害に目をつぶってきたのと同じやり方で、目をつぶるのだ。我々は無関心を装うのだ。なんのために？　社会の護持のために。「復興」と「日本再生」のために。

我々はここで踏みとどまって考えるべきである。問題を再構成してみよう。ある「少数」の被曝被害について受忍する／させる社会とは、いったいどのような社会なのか、と。

閾値仮説が教えるのは、閾値派が閾値に満たない「低線量」の場合でも被害を想定しているということだ。そうしてこの受忍／否認の要求のなかで、「個体差」という魔法の言葉が与えられる。ここで我々は少し安心する。私は乳児ではない。私は妊婦ではない。私は人工透析患者ではない。私は甲状腺を患ったことがない。私は酸素吸入器に頼っていない。「個体差」という言葉は、自分は健康で標準的であると考える人々に気休めを与える。そうした見通しが裏切られて激しい自覚症状があらわれる直前まで、彼は自分の身体の健全さを信じるだろう。彼は自分の身体が「標準的」で「健全」であろうと想像することで、自分が被害者の一部になるかもしれないという恐れから解放され、隣人の被害を容認するのである。

これはすでに社会の体をなしていない事態といえる。ひとりひとりの人間の内部から、社会という理念が放逐されてしまうことになる。

放射能拡散後の現在、我々は、たんに放射線にさらされているというだけではない。これまで不充分ながらも築き上げられてきた理念の崩壊にさらされているのである。社会、民主主義、科学、それらを支える人文主義（ヒューマニズム）という理念が、根底から廃棄されようとしている。そんな崇高な理念などもともと存在しなかったのだ、と言うこともできる。そうかもしれない。しかしそんな一見シニカルな反論も、被曝しながら言ったのでは滑稽だ。むしろそのシニシズムを反転させ、こう言ってもいいはずだ。「日本再生」など俺の知ったことか、と。できもしない「復興」政策に協力する義理はない、と。

我々が被曝を受忍したところで、そこから生まれるものなどなにもない。それはこの腐敗した社会をますます腐敗させるだけなのである。

プロメテウスの末裔
放射能という名の本源的蓄積と失楽園の史的記憶

マニュエル・ヤン

同位体のすべてが放射性であるプロメチウムの名前の由来は、ギリシャ神話のプロメテウスである。ギリシャの神々の元祖タイタン族に属するプロメテウスは、人間を粘土から創造し、この被造物へ神々から盗み取った火を与えた。原子番号61の元素プロメチウムは、人間が創造した「被造物」である。地球上の自然のどこにも存在しない（アンドロメダ星ＨＲ４６５では観察されている）、完全に人工的につくられた元素だ。蛍光灯の点灯管、原子力電池、研究用原子炉などに使用されている。

プロメチウムをつくった化学者チャールズ・D・コリエル、ローレンス・E・グレンデニン、ジェイコブ・A・マリンスキーは3人とも、ヒロシマ／ナガサキに投下された原子爆弾開発を担った「マンハッタン計画」のメンバーだった。世界初の実用原子炉 X-10 Graphite Reactor をエンリコ・フェルミと共に建設したオークリッジ国立研究所で、彼らは世界初のプロメチウムを生産した。発見は1945年。だが、戦時中の軍事技術開発で多忙だったため、発表は戦後の1947年9月となった。元素の名づけ親はコリエルの妻グレイス＝メリー。火の知識を人類に解明した罰として、岩壁に縛りつけられたプロメテウスは、自動的に蘇生するはらわたを巨大な鷲につつかれ続ける。新しい「火」である科学的発見やテクノロジー開発には、悲惨な犠牲が伴うかもしれないという意味合いが込められたメタファーである。

核産業や軍事開発に携わった現代の科学者をプロメテウスに喩えるのは、ありきたりなレトリックだ。（アメリカ・イギリス・カナダ政府間の協力のもとに13万人以上を雇用した）膨大な核産業工場「マンハッタン計画」を主導した物理学者ジュリアス・ロバート・オッペンハイマーの伝記が2005年に出版され、翌年のピューリッツァー賞を受賞した――伝記の題名は『アメリカのプロメテウス』だ（このイメージは元々、『月刊科学 *Scientific Monthly*』誌1945年9月号の記事ですでに現れている）。3・11以後、放射能で汚染された瓦礫の行方を追った朝日新聞記者・吉田啓のルポ（２０１２年９月）も『プロメテウスの罠』と題されている。[1] しかし、科学者、あるいは人類一般のヒュブリス、思い上がりや傲慢を表現するためだけに「プロメテウス」神話を持ち出すと、肝心な階級関係の歴史や権力の存在を忘れかねない。

　イギリスが産業革命を開始した時期、「プロメテウス」をメタファーとして使った最も有名な文学作品はメアリー・シェリーの『フランケンシュタイン、あるいは近代のプロメテウス』（１８１８年）だ。ＳＦやホラーの原点としてしばしば引き合いに出されるあまりにも有名なこの物語の中心的事件は、生命のない物質を「怪物」／人造人間に創成する科学者ビクター・フランケンシュタインの実験である。解剖中にカエルの足が電流によってピクッと動くのを発見したイタリア人物理学者ルイジ・ガルヴァーニの１７８０年の生体電気実験が、この虚構プロメテウス的行為の着想の発端だった。ガルヴァーニの発見をもとに、後輩アレッサンドロ・ボルタが電池（いわゆる「ガルバニ電池」）を発明したのが１８００年。そして、『フランケンシュタイン』が出版されてから十数年も経たないうちに発電機が発明され、19世紀末には水力発電が長距離を横断するエネルギーの流通を可能にし、水や石炭をしのいで電力は産業と都市を支配するエネルギーになる。

　しかし、こうした近代科学と産業の発達を驀進的に押し進めたのは、科学者の技術革新《イノベーション》でも、資本家の企業《エンタープライズ》でもない。無名労働者の集結された労働力である。狩猟採集の権利や入会地を奪われた平民・原住民、手工芸の力能を機械に奪われた職能民は、「無産労働者階級《プロレタリアート》」という「フランケンシュタインの怪物」にむりやり改造された。上からの命令で全てが決定される組織の歯車として管理され、こき使われる無産労働者階級《プロレタリアート》の労働は、科学者のアイデアを物質に変え、資本家の持つ紙切れや金属に魔力を吹き込み、利潤を生み出していったのだ。

『フランケンシュタイン』の時代の民衆史をダイナミックに掘り起こした大西洋歴史家ピーター・ラインボーによれば、この小説は「テクノロジーの隠れた威力、創造に伴うファウスト的プライドに関する典型的な物語である」。「ほとんど理解されていない新しい電力エネルギーを組み合わせ、死体泥棒の収集してきた人体部分にこの電力を応用した技術官僚《テクノクラート》は、新種類の生き物を創造する」[2]。こうして生まれてきた怪物たちのシンボルとしてのプロメテウスを、ラインボーは次のように説明する。

> プロメテウスはプロレタリアートの守護神になった。彼は大地の女神ガイアの息子であり、アルファベット、数字、船、鉱業、セラピー、知性、癒しといった全ての芸術と工芸は彼に由来する。同時に彼はゼウスと体制の秩序に刃向かった反逆者でもあった。ゼウスに罰せら

れ、鍛冶場の神ヘファイストスが鍛えて造ったくさびで岩に縛られはしたが、彼は最終的に、立ち上がることを運命づけられている[3]。

「最終的に…」、運命は預言であると同時に、わたしたち自身の行いによって決定される現実でもある。過去の歴史を、わたしたちの出自を思い起こさない限り、過去‐現在‐未来を繋げる運命を理解することはできない。資本主義の起源（「本源的蓄積」）へ遡ってみよう。すると、現代のフクシマ原発労働者と変わらず、放射能にまみれて労働の中で死に絶えるプロメテウスの姿が見えてくるだろう。神話でもメタファーでもなく、厳然たる歴史的事実として。

❖「本源的蓄積」の系譜――ヨアヒムスタール、ポトシ、石見

科学的発見は、仮説と実験を絶え間なく、機械的に行い続ける努力の末に生じる客観的で必然的な結果だと思われがちだが、実は違う。夢のお告げ、直観やひらめきといった主観的作用があったり、偶然が驚くべき役割を果たしたりすることがままある。

１８９６年に放射能を発見したフランスの科学者アンリ・ベクレルの場合もそうだった。ベクレルは初めから放射能を探していたわけではない。パリの研究室で、黒い厚紙に包んだウラン塩

をルミエール写真乾板の上に置きっぱなしにしていて、乾板が放射線によって感光しているのを偶然観察したのである。この発見の功績によってベクレルは、ラジウムを発見した同僚のキュリー夫妻と共に、１９０３年ノーベル物理学賞を受賞し、放射能の量を表す単位はベクレルと名づけられる（所有者などありえない自然界の現象でさえ、個人の私有物と錯覚する近代の奇妙な風習の一例だ）。

マリー・キュリーが実験中にラジウムをいじくりすぎたため再生不良性貧血を患い、死んだ話は有名である。しかし、彼女は放射能によって命を奪われた最初の被害者では決してなかった。キュリーらが実験に使っていたラジウムを放出するウラン鉱物の原産地は、ボヘミアのヨアヒムスタール（現チェコのヤーヒモフ）鉱山。16世紀から19世紀末までの４００年間、放射能は無数のヨアヒムスタール炭坑夫たちを死に追いやっていた。

１５１６年、ヨアヒムスタール鉱山に銀脈が発見されると、採掘に駆り出された炭坑夫たちは次々と病にかかり倒れた（当時、これらの謎めいた疾患は「悪臭のする蒸気」や「地下の小人たち」のせいにされ、放射能による悪性のガンだと確認されるのは１９３０年代になってからだ）。銀貨の鋳造地ヨアヒムスタール（Joachimsthaler：ヨアヒムの谷）は、ヨーロッパ中で使われた銀貨「ターレルThaler」、そして「ドルdollar（Thalerの英語名）」の語源ともなった。ヨアヒム

（上）史上初の臨界に達したフェルミらの「シカゴ・パイル1」に続き，初めて実用炉として建設された X-10 Graphite Reactor にウランを挿入する労働者たち（1943年/US government photo）。
（下）16世紀当時の火力採掘の様子。地下に発生する有毒なガスで労働者は常に危険に晒されていた（アグリコラ『金属について』より）

スタール鉱山の表面を4世紀に渡って掘り起こし続けた炭坑夫たちの死病にまみれた労働は、放射能だけではなく、近代貨幣の助産婦でもあったのだ。

１５２７年、ヨアヒムスタールの町医者に任命されたゲオルク・アグリコラ（本名ゲオルク・パウエル）は、炭坑夫たちの実用的知識を収集し、ルネサンス科学の名著『金属について《デ・レ・メタリカ》』（１５５６年）を執筆した。鉱石の扱い方や採鉱方法などをこと細かく正確に記述した『金属について』の知識はその後２００年も有効性を保ち、鉱業のバイブルとして君臨する。鉱山で採取された鉱物は武器や貨幣の形を取り、悪行の源になるという主張に対し、アグリコラは本書でこう答えている。「鉱山の産物自体が戦争の原因ではない」、「もし金銀や宝石を手段にして、女性の貞操を破り、多数の人々の信義を腐敗させ、正義の道を買収して悪行の限りを尽くすことができるのなら、それは金属のせいではなく、かき立てられたり興奮したりする人間の激情、あるいは心の内にある盲目で不謹慎な欲望による」。そして、医者、画家、建築家にとって利用価値の高い金属で「作られた貨幣の使用はとても便利なので、大志を抱く商人にとっては、商品交換の古いシステムよりも役立つのだ」と[4]。〈科学やお金は元来中立的《ニュートラル》なもので、悪用されるのはそれを使う人間が悪いからだ〉という論法の原型である。それは、核を軍事利用する原子爆弾の製造は「悪用」、平和利用する原子力発電は「善用」、という過去の議論でも使われたし、現在の原発批判や金融経済批判への反論の中でもよく持ち出される。

ヨアヒムスタール鉱山に銀脈が発見されてからほぼ30年後、正確には１５４５年、スペイン帝国は南米に銀山の町ポトシ（現ボリビア南部）をつくった。スペインからやってきた新しい冒険者や支配者たちは、先住民インディオたちの土地を奪い尽くし、苛酷な奴隷労働を課した。ベネズエラのウゴ・チャベス大統領が米オバマ大統領に贈呈したことでも知られる歴史書『収奪された大地　ラテンアメリカ５００年』の著者、ウルグアイ人作家エドゥアルド・ガレアーノは、『火の記憶』三部作の第一巻『誕生』の中で、ポトシの労働状況を次のように描いている。

> 月曜日の朝、山中で群れにされ、コカを噛みながら鉄棒で殴られる彼らが探し求めるのは、光も空気もないこの巨大な腹部の内臓の中に現れ飛び立つ白緑色のヘビ、つまり銀脈だ。土曜日が終わり、祈りと解放の鐘が鳴るまで、日暮れと夜明けの区別が全くつかないまま、囚人として肺を潰す挨を吸い込み、空腹感を紛らわせて疲労を覆い隠すコカを噛みながら、インディオたちは1週間ずっとコツコツと働く。そして、火のついたロウソクを握りしめ、途方もなく深い採掘用地下道と坑道を進み続け、曙光を見るのは日曜日になる。[5]

土地／生活手段を奪い取り、このような労働を無理矢理させて富を築き、その富で再び新しい地域に乗り込み、同じことを永劫回帰マシーンのように繰り返す――ヨアヒムスタールやポトシを始めとする世界の至る所で営まれていた伝統的生活の破壊とそれに続く強制労働、５００年間に渡るこの収奪を、「本源的蓄積」とマルクスは呼んだ。資本主義において蓄えられる富の歴史的みなもとであり、資本主義の機能続行のために絶えず反復されなければならない利潤増殖の「法則」である。「アメリカの金銀産地の発見、原住民の掃滅と奴隷化と鉱山への埋没、東インドの征服と略奪の開始、アフリカの商業的黒人狩猟場への転化、これらのできごとは資本主義的生産の時代の曙光を特徴づけている」[6]――『資本論』の有名な箇所だ。１週間の暗黒強制労働の後、ポトシ鉱山から這い出るために、長くて細い坑道を一夜かけて歩いたインディオたちの道を照らしたロウソクの光は、資本の曙光に次々と吸い込まれ消滅していった。ポトシ鉱山で働く労働者の生存率は30％、鉱山労働あるいは精錬過程における水銀中毒で死亡した原住民とアフリカ人奴隷の数は８００万人を超えると推測されている。

この凄惨な太陽の光線は、「太陽／日の本の国」日本にも届いていた。アグリコラがヨアヒムスタールに到着する前年の１５２６年、博多の商人・神谷寿貞、周防国の大名・大内義興、銅山主・三島清右衛門によって、現在の島根県大田市にある銀峯山から銀が掘り出された。こうして石見銀山の採掘が幕を開けると、銀貨の軍神に取り憑かれたかのように、銀山を巡る激しい争奪戦が続く。義興の後継者大内義隆と石見小笠原氏の当主小笠原長隆の争いを皮切りに、幾つもの戦いを経て、石見銀山の支配者は出雲守護代・尼子経久、安芸の国人領主・毛利元就へと移り変わっていく。１５８４年、毛利氏を服属させた豊臣秀吉は、１５９０年代の朝鮮侵略戦争「文禄・慶長の役」の軍資金を石見銀山から調達する。ヨアヒムスタールの銀が世界の基本通貨に変質したように、石見銀山の銀は石州丁銀や慶長丁銀といった基本通貨や、中国の明朝が幅広く使用した秤量銀貨の原料になった。

　スペインのライバルとして同じく世界制覇を目指していたポルトガル帝国は、その宣教師たちを通じて石見銀山のことを知り、日本との交易を進め、17世紀にはオランダ東インド会社も、このアジア由来の富を巡る貿易に加わることになる。石見銀山は一時期、世界市場の３分の１近くの銀を供給していた。世界システム論の創始者イマニュエル・ウォーラーステインによると、「ポルトガルが介入する前の15世紀末、おそらくアジアにおける生産の４分の１をヨーロッパはすでに消費しており、ヨーロッパの増進する需要に応じるためにアジアの生産は、16世紀の間に倍になった」[7]。石見銀山からの銀を中国の茶・絹・磁器と交換して日中貿易の仲買人になったポルトガルは、「アジア内貿易の仲裁者、貿易のための仲介者になることに目を向け、そこから得た利潤を喜望峰航路貿易の資金に充て、香辛料と金銀の延べ棒両方をポルトガルに持ち帰った」[8]（強調は原文ママ）。

近世アジア貿易を集中化し、世界資本主義の発展を促進した石見銀山のプロメテウスたちは、ポトシのインディオやヨアヒムスタールの炭坑夫と同じく、死神との闘いを日毎強いられた。神谷寿貞が博多から技術者を呼び寄せて、石見銀山の製錬所に開発させた「灰吹法」と呼ばれる効率性の高い銀の精錬技術がまき散らす一酸化鉛は、鉱夫たちの肺に潜り込み、鉛中毒やガンを頻出させ、平均寿命を30歳ぐらいの短命なものにした。江戸時代、本源的蓄積と引き換えに命を縮める採掘労働を行う石見銀山の鉱夫は、銀を一塊、いや石ころ一つさえ持ち出そうとすると、「首切場」という名称の公開処刑場で斬首や磔にされた。そして、伝染病や重病を患う病人と無数の死体が放り込まれたため「千人壺」の名をもつ墓穴や山肌の井戸に遺体は投げ捨てられた。厳密には、石見銀山の鉱夫たちは二度殺されている。最初は苛酷な労働や首切場の死刑によって、二度目は石見銀山がユネスコから「世界文化遺産」というお墨つきを得て観光資本になる際（2007年）、観光パンフレットや資料館から処刑場や千人壺に関する記述／展示物がことごとく抹消され、それらがテレビの映像に映らないように規制されることによって。本源的蓄積は命だけではなく、歴史の記憶まで消し去ろうとするのだ。

16世紀から今に至るまで世界中を席巻し続ける「本源的蓄積」の歴史は、中立的な過程では決してない。蓄積し続ける数少ない勝者がおり、その勝者たちも明日は蓄積される絶対多数の敗者になるかもしれない。「個人」や「文化」が原因ではない。総体的制度や権力構造が生存に成功すると、生物界同様、個人あるいは社会意志を淘汰するシステムが否応なしにできあがる。「蓄積」自体を「本源的」と形容した理由はそこにある。資本主義の生成に伴う虐殺と強奪の歴史は、人間の本質的「貪欲」や「西洋的近代文明」の合理主義的価値観（あるいは東洋の儒教的職業倫理）を主軸に成立しているのではない。たまたま淘汰を生き残ったヨーロッパ由来の世界資本主義システムは、個人と文化の様々な要素を吸収して、自己増殖せざるをえない生存の「本源」によって作動しているのだ。どの生物や組織にしろ、自滅を意図的に選ぶものはない。その生存を脅かすものがあれば、総力でそれを阻止しようとするし、それが無理なら脅かすものに順応するか、死を選ぶしかない。短期的な視点から生存の手段と目されたものが、後でその生存そのものを脅威に晒すこともある。原子力はその好例だ。「資本は、頭から爪先まで、毛穴という毛穴から血と汚物をしたたらせながら生まれてくるのである」とマルクスは言ったが、貨幣の近世的起源は「血と汚物」だけではなく、放射能をも文字通りしたたらせていたのである。そして、血と汚物と放射能にまみれた鷲のくちばしで、プロメテウスの内臓は何度も、何度も抉り出されてきたのだ。

❖鉱業エンジニアの能率主義――アメリカ「核産複合体」小史

アグリコラ『金属について《デ・レ・メタリカ》』の英訳は１９１２年にイギリスで出版された。当時、鉱業エンジニアであったハーバート・フーヴァーと、地質学者でラテン語の専門家であった妻ルー・ヘンリーが翻訳者である。20世紀初期アメリカ史において、アグリコラの言う「大志を抱く商人」の条件を充分以上満たす模範的人物がいたとしたら、それはほかでもないフーヴァーだろう。金属を採取する労働を巧みに束ねて操ることによって、クエーカー教徒の鍛冶屋／農具店主の息子という庶民的身分から、超大国支配者の頂点にまで彼は登り詰めた。27歳の時、西オーストラリアに赴き、イギリス金鉱会社ビウィック・モーリングの鉱業エンジニアとしてキャリアを開始し、５年も経たないうちに会社の共同経営者に昇進、膨大な年収とともに会社の利益の５分の１を獲得するに至った(一時期、西オーストラリア金鉱生産の半分はモーリング社に牛耳られていた)。その後中国に渡り、同地での鉱山開発に着手すると共に、中国工学鉱業会社の監督として数万人の苦力を南アフリカへ送り込み（あまりにも酷い労働条件のため英国議会で問題にされる）、共同設立した亜鉛株式会社では、亜鉛その他の卑金属を西オーストラリア地方ニューサウスウェールズから採掘し、世界の各種産業に売りつけた。１９２０年、商務省長官に任命されると、「アメリカ経済の近代化」を推進する規格化政策に着手した――紙、ネジ、タイヤ、窓といった工業製品のサイズの規格化、産業安全規格の設定、ラジオと電波の規格化、国外市場の規格化。そして、９年後、大統領に就任するなりウォール街の市場暴落に直面し、国家企業としてのフーヴァーダム建設や、遺産税・企業税の引き上げに乗り出す（現今の市場原理主義的風潮の中でフーヴァーの増税政策には「大恐慌の引き金」というようなレッテルが貼られているが、これは大きな誤解である――大恐慌の原因と、それを悪化させた要因は、労働者の雇用と消費拡大に向けて投資することを企業が拒んだことにあり、この「企業ストライキ」を解決するには次のＦＤＲ政権による資本のなかば強制的な戦時国家動員を待たねばならない）。

　政治家フーヴァーの貢献を一言で要約するならば、それは「能率」だ。「能率運動」／テイラー主義の信奉者であったフーヴァーは、企業や政府から徹底的にムダをなくし、科学的に能率よく「規格化」された企業、国家、商品、労働者をつくり出す改革を、アメリカ全土で行った。20世紀初頭、無計画な産業化と帝国主義国家間の争いのせいで世界資本主義の周期的危機はどんどん加速化されていた。この不安定きわまりない状態を沈静化するには、国家と企業がバランスの取れたパートナーシップを組まねばならない――これがフーヴァーの提唱した協同主義《アソシエーショニズム》の前提である。大恐慌という世界資本主義の危機をアメリカから払拭したＦＤＲのニューディール政策はもちろんのこと、戦中の「マンハッタン計画」や戦後の原発開発のレールを敷いた国家・資本間の協力と、それを特徴づける科学的能率主義は、こうして一鉱業エンジニアが現場で取得した原理から創成された。

　この科学的合理主義の経済原理を守り抜く究極の手段は国家暴力である。フーヴァーはオーストラリアにいた時期、強靭な階級意識を持つ現地の炭坑夫が組織したストライキに手こずり、従順なイタリア移民労働者をスト破りに利用した。大統領就任後も資本主義の能率性を邪魔する存在は、たとえ妥当な苦情を直訴する軍人でも容赦しなかった。１９３２年春・夏、第一次世界大戦の退役軍人とその家族たちが、ワシントンＤ．Ｃ．にキャンプ場をつくり、座り込み《オキュパイ》を行う。大恐慌以来無職になった元軍人たちが、１９４５年まで現金と引き換えることのできないボーナス証書を即時現金と換金するよう政府に要求した「ボーナス遠征軍」である。フーヴァー大統領はダグラス・マッカーサー元帥に、「ボーナス行進者たち」の排除命令を下した。その結果、第12歩兵連隊と第３騎兵連隊が、嘔吐を催すアダムサイトガスと銃剣を使って退役軍人及びその妻子たちを蹴散らし、キャンプ場に火をつける。下級補佐官としてこの弾圧に加わったドワイト・アイゼンハワー少佐はマッカーサーについて、「あのバカのクソッタレ野郎に、行くな、参謀総長が行くような所ではないと言ってやった」と後に述懐しているが、当時、彼がまとめた陸軍公式報告書ではマッカーサーの行動を支持する旨を記した。科学的能率主義を唱えるアメリカの先進資本主義もその核心においては、ヨアヒムスタール、ポトシ、石見における本源的蓄積の暴力とあまり変わらなかったのだ。

冷戦が白熱し、原子力発電が実用化される１９５１年から１９６１年の10年間、全8巻にも及ぶ回想録をフーヴァーは上梓している。その中で「ボーナス遠征軍」は共産主義者の陰謀であったと断定し、弾圧の正当性を主張するフーヴァーが根拠にしているのは、抗議に参加した元共産党員の退役軍人ジョン・T・ペースの証言だ（マッカーサーの回想記でも、まるでフーヴァーと口裏を合わせたかのように、全く同じ証言が引用されている）[9]。モスクワから命令を受けたアメリカ共産党のボスが暴動を引き起こすようにそそのかした、という陰謀説を懺悔深い口調で話すペースは、フーヴァーとマッカーサーの偉大さを讃えている。しかし、実際のところ、キャンプ場から共産主義者を定期的に追い出し、持ち込まれた共産主義関係の文献を破棄した「ボーナス遠征軍」の大半は、反共的傾向の強い無職の退役軍人の集まりだった（共有されたスローガンの一つに、「左ではなく前を向け！」というものがある）。

フーヴァーの回想録第1巻『冒険の日々、１８７４～１９２０年』が出版され、下院の非米活動委員会でペースが証言を行った１９５１年、アイダホ州アルコ市付近に建てられた実験増殖炉ＥＢＲ－Ｉ（Experimental Breeder Reactor I）は、世界初の原子力発電とプルトニウムの燃料使用に成功した。プロメチウムの発見者の一人グレンデニンが働いていたアルゴンヌ国立研究所がつくったものだ。１９６２年、世界核戦争の一歩手前という状況を出現させたキューバ危機を引き起こしながら、核シェルター建設を国内政策として押し進めていた冷戦アメリカを"Let Me Die in My Footsteps"で告発したボブ・ディランは、その３年後に発表した恋歌"Love Minus Zero/No Limit"の中で「成功ほどの失敗はないし、失敗は成功なんかじゃないよ」と歌っている。ＥＢＲ－Ｉ、そしてやはりアルゴンヌ国立研究所がアイダホ州に建てた海軍の訓練用原子炉ＳＬ－Ｉ（Stationary Low-Power Reactor I）は、まさにディランの歌った通り「失敗」だった。なぜなら、４年後にはＥＢＲ－Ｉの冷却水流通《フロー》テスト最中に部分的メルトダウンが起こり、10年後にはＳＬ－Ｉが爆発してメルトダウンしてしまい、３人の死者を出すことになるからだ。

ＥＢＲ－ＩやＳＬ－Ｉは、第二次大戦後、世界帝国の頂上に立ったアメリカ合衆国の特殊な権力、新しい形をした本源的蓄積の産物である。アメリカの冷戦政策立案者たちがこの現状認識を明確に示した重要機密文書ＮＳＣ68に、トルーマン大統領はＥＢＲ－Ｉ竣工前年の１９５０年に署名している。世界に米軍基地を配備し、攻撃的活動を通じてソ連の戦力を切り崩す。アメリカを中心とした「新世界秩序」を維持するためには、軍事国家予算を3倍にする必要がある。アメリカ国家安全保障会議が起草したＮＳＣ68はそう提唱した。この凄まじい軍備政策を直ちに具体化するかのように、トルーマンは同年、朝鮮戦争を開始する。しかし、朝鮮半島への核爆弾投下を推奨するマッカーサー司令官を、泥沼化していた戦場から更迭し、朝鮮戦争の失敗を軍部に責任転嫁したトルーマンの大統領支持率は、瞬く間に史上最低にまで下落してしまう（この最低支持率をついに更新したのは、イラクを侵略し、泥沼化した戦争／占領パターンを繰り返したブッシュJr.だ）。

トルーマンから政権の舵を引き継いだアイゼンハワーは、１９５３年に国連で、かの有名な「原子力の平和利用」演説を行い、それに向けた政策を着々と実施していく。１９６１年1月17日の離任スピーチで、アイゼンハワーは自ら築き上げたこの戦後アメリカ体制を憂いて「軍産複合体」と名づけた。この呼称は、演説の草稿では元々「軍産連邦議会複合体」であった。しかし、連邦議会の眼前で話をするアイゼンハワーは慎重になり、彼らの名前をフレーズから削り捨てたのだ。これら三位一体の部門（軍隊／産業／政府）の間における近親相姦的な流通を実証的に論証したのが、気鋭の社会学者Ｃ・ライト・ミルズの『パワー・エリート』（１９５６年）だ（これに先立つ１９５１年、ライト・ミルズは『ホワイト・カラー』で、アメリカの支配権力が中産階級を順応化した「明るいロボット」にしている状況を、やや一面的にではあるが鋭く分析している）。

　実を言うと、新しいアメリカの支配体制の本質を把握しようとする「軍産複合体」／「軍産連邦議会複合体」のいずれも正確な概念ではない。なぜなら、国家の一部である軍隊も連邦議会も、最終的には産業資本の「国益」（支配者の利益は全国民の利益だと吹聴するのはどの国でも変わらないようだ）に沿って機能しているからである。フーヴァーの前任者カルビン・クーリッジ大統領の名言――「アメリカの本業《ビジネス》は企業《ビジネス》である」――はどこまでも真実なのだ（ところで、アメリカ占領軍の新聞検閲係を日本で務めた後、冷戦アジア研究の第一人者になった社会学者フランツ・シュールマンは、「クーリッジの１９２０年代アメリカと同様、日本の自民党政府の本業《ビジネス》は企業《ビジネス》だ」と述べたことがあった[10]）。戦後アメリカ資本主義の特殊性は、「企業《ビジネス》」の先端技術開発が軍事産業をパイプにして行われている側面にある。原子力産業はもちろん、インターネットや生物工学もそうである。アメリカ政府の国家予算の圧倒的大部分が軍事費に充てられているのはそのためだ。実質的には「企業福祉」であるこの莫大な軍事費は、戦後アメリカが制覇した地域とそこに進出する多国籍企業の利権を守る独裁国家の防衛にも回された。沖縄を始めとして世界中に所在し、正確な総数が謎である無数の米軍基地もその機能の一端を果たしている。アメリ力が参戦した朝鮮戦争も、経済開発の促進を（日本にも）もたらした。国民から取り立てた税金によって成り立つ軍事産業が「企業福祉」として機能する資本主義。これはもはや「軍事ケインズ主義」と呼び変えた方がふさわしく、とりわけそれが原子力と核兵器を楔としていった１９５０年代以降の体制は「核産複合体」と名指すべきだろう。

ストライキや座り込み《オキュパイ》を行う生身の労働者は、そのような戦後アメリカ資本主義の本源的蓄積を中断する邪魔な「怪物」であった。ＥＢＲ－ⅠやＳＬ－Ⅰによってスタートした原子力開発には、この「怪物」をエネルギー産業からできるだけ除去し分散させ、軍事技術と抱き合わせで開発されたエネルギー商品を生活に不可欠の財として国民に消費させる効用があった。つまり原子力開発とは、企業資本の利益のために軍事国家が活発に動き、戦後労働者階級をさらに敗走させる手段だったのだ。第二次大戦直後、ファシズムや戦時中の規制から解放された下からの階級闘争は世界を循環し、それを支配者たちは徹底的に潰していった。

アメリカでは、炭坑夫や自動車労働者による戦時中の山猫スト、国全体の経済を完全停止寸前にまで追い込んだ戦後のゼネスト闘争（１９４６年、国内のスト参加者総数は４５０万人を超える）を潰す手段として、政府は鉱山や鉄道を乗っ取り、組織する力や世界を渡り歩く自由を労働者から奪う法案を次々と可決する。トルーマン大統領でさえ「民主主義社会の重要な原理と矛盾する」、「言論の自由に対する危険な介入」と呼んだ（が、実際、幾度も弾圧のために使用することになる）タフトハートレー法（１９４７年）は、他の職場の争議のために行うボイコットや連帯スト、職種選定を巡るストや労組の義務づけを犯罪化した。そして、チャーリー・チャップリンがアメリカへの入国を禁じられた１９５２年に制定された移民国籍法（いわゆる「マッカラン=ウォルター法」）は、資本に有利な人種・技能条件に沿って外国人労働者の移民を決定し、資本の利益を脅かすような外国人を、帰化状態と関係なく排除／追放する権限を国家に与えた（安部公房、グレアム・グリーン、パブロ・ネルーダ、ミシェル・フーコーはみな、この「マッカラン=ウォルター法」に引っかかっている）。法律は企業《ビジネス》の番犬であることが再び証明されたのだ。日本では、「ボーナス遠征軍」を弾圧したマッカーサー司令官の命令で、１９４７年２・１ゼネストが中止になっている。こうしたアメリカ占領軍の「逆コース」政策は、結局、日本の戦前の支配階級を温存させ、企業が独占的権力を握る擬制民主主義を形成することになる。イタリアでは１９４８年、一般大衆の要求に対して感度が高く、広範囲の支持率を誇っていた共産党が総選挙で勝てないように、アメリカは警察暴力の動員、食料支援停止の脅し、経済復興計画マーシャルプランからの除外、共産党投票者の入国禁止といったありとあらゆる手段を使って選挙妨害を行う。東ドイツでは、１９５３年６月16日、東ベルリンの建設労働者がストを起こし、民衆蜂起が国中に広まると、国家警察とソ連軍はそれを容赦なく弾圧した――５００人以上が蜂起の間に殺され、１００人以上が処刑され、５０００人以上が逮捕された（こうした無残な国家暴力は、３年後、ハンガリーで反復される）。

アメリカを中心とする西側の「自由企業」の世界と、ソ連を中心とする東側の「社会主義」の世界との間で繰り広げられる、タイタン族顔負けの巨大な争い。こうした冷戦の一般的イメージの裏にあるのは、熾烈な階級闘争の現実だ。事実、このイメージは、両方の地政学的権力地域にとって有利なイデオロギー的幻影であった。アメリカは、反共魔女裁判や株式会社的全体主義を通じて個人の自由をどんどん破壊してなお、「自由世界」における「個人の自由」を守っているふりをすることができた。そしてソ連は、労働者を大量に搾取し反政府分子を群島収容所へ叩き込み続けてなお、「労働者の福祉」を資本主義の搾取から守っているふりをすることができた。

❖デトロイトの革命的プロメテウスたち

この超大国の偽善を最も正確に把握した反体制勢力の政治文書は、アメリカが自ら「軍産複合」体制を明文化したＮＳＣ68文書と同じ１９５０年に出版された『国家資本主義と世界革命』だ[11]。かつて転向者ジョン・ペースが党員として活動した自動車産業都市デトロイトで、カリブ人の黒人男性、ユダヤ系ロシア人の女性、中国系アメリカ人の女性が協力して執筆した小冊子である。デトロイトの労働者階級を構成している国際的ミクロコスモスの縮図のような顔ぶれだ。

アメリカのトロツキー主義運動に向けて書かれた本書の文体は、今読むと色あせていて、そこで展開される党派的議論も賞味期限を過ぎたものが多い。例えば、冒頭の章「スターリン主義とは何か」や、正統派トロツキー主義から派生したパブロ主義や「ジェルマン」（後に第四インターナショナルの指導者になるマルクス主義経済学者エルネスト・マンデルの筆名）への辛辣な批判が出てくる結び。それは、１５５５年、激怒したアグリコラの脳血管を破裂させ、死に導いた議論（〈聖餐式で祝福される葡萄酒は本当にキリストの血に変質するのか？〉を巡る聖体論争だったのかもしれない）とあまり変わらないような気がする。

しかし、少し想像力を働かせて読めば、本書のすごさがすぐわかる。前述したように、時代は１９５０年、まさに20世紀半ばだ。第二次大戦で勝利した連合軍のアメリカとソ連が対立し、それぞれ〈わたしたちか、それともヤツらか、どっちにつくのだ〉と言わんばかりのプロパガンダをばらまき、軍事的威嚇をエスカレートさせていた。当時は機密扱いだったが後に公開されたアメリカ政府上層部の文書や日記を読むと、アメリカがヒロシマ・ナガサキへの原爆投下に踏み切った肝心な理由は、日本に降伏を促すことよりも、日本に進駐しようとしていたソ連軍を牽制し、〈こっちはこんな強力兵器を持っているのだから、支配を日本に拡げることは諦めろ〉という威嚇を示すためだった（このリアルポリティックス的動機を慎重に調べ上げた研究書として、ガー・アルペロビッツ『原爆投下決断の内幕』[12]がある）。その延長として政治的選択は隘路にはまり込み、西側諸国の資本主義を批判する者は自動的に「共産主義陰謀」の一味にされ、ソ連の全体主義を批判する者は官僚的左翼から「帝国主義の走狗」や「ブルジョアの手先」と呼ばれる。『国家資本主義と世界革命』は、このような閉塞した政治状況を一気に打破して、〈反目し合っているかのように見える東西の超大国は両方とも、労働者を機械の部品として搾取している国家資本主義の権力だ〉と喝破する。その分析にはまるで〈王様はハダカだよ〉と初めて指摘した少年のように、中央集権化されたあらゆる権力を斥ける正直な眼差しがあった。共著者のC・L・R・ジェームス、ラーヤ・ドゥナエフスカヤ、グレイス・リーは、反資本主義運動の中では全くの少数派で、何の政治的権力も持たない人たちだったが、本書は当時、そして今もなお、わたしたちを統治するシステムの実像を暴いた作品であり続けている（アメリカ西海岸の出版社PM社は、２０１３年３月に本書の再版を計画している）。

　カリブ人ジェームスは、ハイチ革命の奴隷指導者に関する歴史書の中で、神話や文学に登場するプロメテウスその他の悲劇的人物に触れて、「深い意味において、生死は本当には悲劇的でない」ことを表出するのが彼らの普遍的機能だと定義している。「プロメテウス、ハムレット、リア、フェードレ、エイハブは、組織化された社会の要求に対抗する人間の条件から生じるおそらく永続的な衝動を肯定しているのだ。差し迫る危険、確実な破壊に直面している時でさえ、彼らは行動に出る。この反抗が頂点に達した時、敗北は犠牲に変わり、人間の偉大さに対するわたしたちの概念を膨らませてくれる」[13]。ジェームスのコメントは古典だけに当てはまるものではない。西洋の古典と同じように彼がこよなく愛したアメリカの大衆文化にも該当するし、全学連の一員として活動した山下耕作らが切り開いた戦後日本の任侠映画にもプロメテウスの悲劇的反抗の美学が脈々と流れている。この美学的観点は、全くヒューマニスト的な立場である。多数のいわゆる「第三世界」知識人がしたように、西洋文明を全面否定して自国のナショナリズムに盲従するようなことを、トリニダードでイギリスの植民地教育を受けたジェームスはしなかった。むしろ、独特なヘーゲル・マルクス主義的思考法で（未完成の大部な原稿「アメリカの文明」も含む）西洋文明をひっくり返し、その内に潜む真正民主主義の根源と可能性をみつけることに努めた。ジェームスたちの時代において「組織化された社会」は世界資本主義として現れ、それに対抗する労働者の行動そのものが、西洋文明の可能性を成就する真正デモクラシーを孕んでいる――そのようなプロメテウス的希望と実践の原理を彼らは編み出した。

ヒューマニズムは様々な姿や内容を持っている。例えば、『国家資本主義と世界革命』は、「キリスト教的ヒューマニズム」をある程度評価しながらも、最終的には「中産階級の反革命」として批判している。「資本主義はいずれ完全に解体され、プロレタリアートへ吸収される。その現段階の形態である国家資本主義に直面して、彼らは資本主義を完全破壊し、自然な不平等に基づく新しい中世主義へ回帰することを提案している。熱狂的な非合理主義、熱狂的な反民主主義、これがキリスト教的ヒューマニストたちのプログラムだ」[14]。「キリスト教的ヒューマニスト」の代表として名指しされているのは、経営・企業学者ピーター・ドラッカーだ（そう、２０１１年日本でベストセラーになり、アニメ／ドラマ化もされた『もし高校野球の女子マネージャーがドラッカーの『マネジメント』を読んだら』の、あのドラッカーだ）。オートメーションや流れ作業が科学的に敷き詰められた自動車会社ゼネラルモーターズに代表されるような工場を支配しているのは、労働も生産も機械的に制御／調整する合理的な管理の論理である。そういった産業資本主義の最先端の企業論理を、できる限り人間的《ヒューマン》で、誰にでも（「高校野球の女子マネージャー」でも！）再現可能な普遍的方法論として編成したのがドラッカーだと概括してもいい。

❖カイン、失楽園の偽プロメテウス

そうした「キリスト教的ヒューマニズム」と真っ向から対立する「キリスト教的ヒューマニズム」もある。呼び名は同じでも、後者は中世修道僧の祈りと共同生活（つまり、原始キリスト教的共産主義）を基盤としている。道徳と関係なしに発生して「人間」をないがしろにする工場、それを司る機械文明、原爆、国家主義、人種差別制度、冷戦構造を根源的に批判していく――それがトラピスト僧トーマス・マートンの「キリスト教的ヒューマニズム」であった（マートンの冷戦批判はローマ教会上層部の耳に届き、彼は政治的主題について書くことを一時期禁じられるが、友人宛の私信の中でそれを続け、のちに『冷戦書簡』として発表した）。アメリカ政府の手によってニューヨークのエリス島に幽閉されたジェームスが19世紀の大西洋に目を向け、メルヴィルの『白鯨』について文章をしたためていた頃、ケンタッキー州ルイズヴィル市の修道院でマートンは古代イスラエルの海に思いを馳せていた。極めて質素で禁欲的だが、静謐な喜びと規律正しい習慣に満ちた日常を送りながら、そのリズムの中から自然と浮かび上がる神との瞑想の詳細を日記に書き記していた。

アグリコラとも交流のあったエラスムスの手紙を題材に、マートンはプロメテウスについて語っている。エラスムスはある時オックスフォードで、ルネサンス時代の「キリスト教的ヒューマニズム」の旗手にして、ロンドンの聖パウロ寺院の主席司祭を務めたジョン・コレーらを主賓とする晩餐会に出席した。時は１４９８年、コロンバスがヨーロッパ・イベリア半島帝国主義の触手をアメリカにもたらし、原住民の殺戮と奴隷化（本源的蓄積）を開始した「失楽園」の年である。席上、創世記に登場するカインについての議論が盛り上がった。人類の生みの親アダムとエバの息子として生まれ、弟アベルを殺したカインは、神からの罰として顔にしるしをつけられ（「カインのしるし」）、世界の果てに追放される。「ある種の神聖な熱狂で興奮してしまい、超人的な高揚と威厳を物腰で示しているかのような」コレーの主張によると、「自然に育つものに満足して羊を放牧していたアベルと異なり、まるで神の善意を信じないで自分の努力を過大評価し、地を最初に耕したことが、創造主を怒らせたカインの最初の罪だ」。神学議論が白熱しすぎたため、雰囲気は晩餐には似つかわしくない、いささか重苦しいものになった。

場を和ませる意図も込めて、同席者に「詩人としての」介入を行うことに許しを請うた上で、エラスムスは太古から伝わる本の中に記述されているカインの話をする。何もしなくても年がら年中豊作を享受できたエデンの園を追い出されたアダムとエバの「貪欲でがめつい」長男は、農夫になり、汗水たらしてもそこそこの収穫しか得られない畑を見回し、楽園から種をくすねとる手段を思いつく。さっそくエデンの園を厳重にガードしている天使のもとへ行き、説得にかかる。そこでカインは近代的プロメテウスを思わせるような発言をする。

> この土地の地下深くに何か貴重な商品が隠されていることを、わたしは確信しています。これを掘り出すためなら、地球の身体の全ての脈を調べ上げるつもりですし、それをするのにわたし自身の人生が足りなかったとしても、少なくともわたしの末裔がするでしょう…疾患は確かにわたしたちを攻撃していますが、人間の産業はそれさえも改善するでしょう。わたしは素晴らしい効用を発揮する薬草をよく目にします。命を永遠不滅にできるような薬草をこのわたしたちの世界で発見することができたら、どうでしょう。あなたの守っている知恵の樹の重要性はわかりませんし、わたしとは無関係なことには関心ありません。それでも、決意のある努力の言いなりにならないものは何もないのですから、この努力は続けるつもりです[15]。

地下から「貴重な商品」を掘り出し、永遠不滅の命を可能にする薬を開発しようとするカインは、本源的蓄積を創始した資本主義的プロメテウスの原型だ。「近代的／『進歩的』人間」は、「カインの潔白を立証」しようとして、「技術的天才や宇宙的野望の象徴として好まれる『火を携えたタイタン人』をカインと同一化させる」。このカインの顔をしたプロメテウスの出自を、マートンは古代ギリシャ詩人ヘシオドスに求める。ヘシオドスの物語で罰せられるのはプロメテウスだけではない。人類も罰として「労働と悲しみの人生における最高の償いである」女性を与えられる（マートンはここで「激しく男性的な社会のくだらない奇妙な幻想！」と付け加えることを忘れない）。絶対権力者ゼウスに逆らったせいで、人生は永久に悲しい奴隷制となったのだというヘシオドスの世界観を、マートンは無神論の前提とみなし、「わたしの全存在をかけて憎み、拒絶する」と言い放つ。

では、ヘシオドス版プロメテウスの対抗者は誰か。マートンはそれを、古代アテナイ悲劇詩人アイスキュロスの戯曲『縛られたプロメテウス』に見いだす（ジェームスのプロメテウス像もアイスキュロスを典拠にしているし、１８４３年３月に『ライン新聞』がプロシアの国家検閲で弾圧された際、風刺漫画に「プロメテウス」として描かれた同紙編集長マルクスも、アイスキュロスをもとにして「プロメテウスは哲学的暦の中で最も著名な聖人であり、殉教者である」と言っている）。この作品では、「ヒュブリスの病に犯された」存在はプロメテウスではなくて、「強奪者」ゼウスの方だ。マートンはアイスキュロスの描くプロメテウスの反抗を、「惰性に対する命の反抗、暴政に対する慈悲と愛の反抗、残虐と恣意的暴力に対する人類の反抗だ」と解説し、二人の「プロメテウス」を対置する――「ヘシオドスのプロメテウスはカインであり、アイスキュロスのプロメテウスは十字架のキリストである」[16]と。

さらにマートンは、間接的にではあるが、アグリコラの貨幣・科学中立説――「善悪はそれを使う人間によって決定される」――にも雄弁な異議を唱えている。ナチスのゲシュタポ局宗派部ユダヤ人課課長アドルフ・アイヒマンの裁判見聞記を読んだマートンは、１９６４年、「アドルフ・アイヒマンを偲ぶ敬虔な瞑想」を書く[17]。政治思想家ハンナ・アレントの見聞記『イェルサレムのアイヒマン』に出てくる有名な概念「悪の凡庸さ」（大量殺人の執行責任者だったアイヒマンは、凶暴でも狂人でもなく、正気で「凡庸」なイエスマンだった）を拡充し、システム全体の問題として捉えるエッセイだ。アイヒマンは命令にただ従順に従う、至って「正気」の常識人だった。実際、彼が従ったのは、学校、会社、政府を含め社会のあらゆる機関で、現在わたしたちが当然のこととして守っているルールだ（本源的蓄積を穏便に保ち続けるための資本主義のルールと言い換えてもよい）。ユダヤ人を大量虐殺した収容所を管理していたシステム、原爆を製造して日本に投下したシステム、細菌戦の人体実験を行った７３１部隊や南京虐殺を可能にしたシステム。それらはすべてその時々の「資本の本源」が進化したおぞましい姿であり、そのもとで働いて「人道に対する罪」を犯した人々はほとんど皆「正気」で真面目な「好い人たち」だったのである。つまり、科学・貨幣の中立性がそれを用いる人間の性根によって善にも悪にもなるというアグリコラの問題設定は、このシステムの存在を隠蔽する詭弁だったのだ。本源的蓄積の怪物（システム）は、「頭から爪先まで、毛穴という毛穴から血と汚物をしたたらせながら生まれてきた」貨幣をヘモグロビンとして用いて、労働から利潤を抉り出す。そしてシステムを最も効率的・合理的に稼働させるために科学を活用する——そこには中立性や善悪の基準など一切存在しない。

❖ユビュ王を召喚せよ、不条理が正気を装うかぎり

フクシマ原発災害を引き起こしてなお放射能の惨禍を無視し、原発を続行しようとするシステムの「正気さ」を鵜呑みにする「好い人」であることをやめ、システムに与しないためにはどうすればいいのか。まず、自己保存のために「正気」を捏造し、維持してきた本源的蓄積のシステムと向かい合わねばならない。最近それを妨害している雑音は、竹島や尖閣諸島を巡る領有権の問題だろう。実はこの問題もやはり、アメリカの「核産複合体」がＥＢＲ‐Ｉを通じて原子力エネルギー開発に着手した１９５１年に端を発している。同年、冷戦時代の日米関係の枠組みを設

定したサンフランシスコ平和条約が結ばれた。アメリカ国務長官ディーン・ラスク宛の書簡で、駐米韓国大使・梁裕燦《ヤン・ユチャン》は、条約の草案に「済州島、巨文島、鬱陵島、独島及びパラン島など日本による韓国併合以前に韓国の一部であった諸島に対する全ての権利、権原及び請求権」を放棄する旨を付け足すよう要請するが、却下される。そのような主権放棄は平和条約にふさわしくなく、「独島、もしくは竹島、リアンクール岩として知られている島については、我々の情報によれば、日常的には人の居住しないこの岩礁は、韓国の一部として扱われたことはなく、１９０５年頃から は、日本の島根県隠岐島庁の管轄下にあった」というのがラスクの挙げた理由だった。隠岐島と言えば、石見銀山の北東約１３０キロに浮かぶ島々で、１８６８年、蜂起した島民が一時的に自治を勝ち取った「隠岐騒動」の舞台だ。もし領土問題を本気で解決する気があるのなら、騒動後の８ヶ月間自治を固守した隠岐島民の原理に沿って、どの国にも属さないコミューンとみなす道もあるだろう。しかし、冷戦国家間のリアルポリティックスは、そのような「現実的」解決法を圧倒する不条理に満ち満ちている。「日常的には人の居住しないこの岩礁」の領有権を争うことの不条理、そしてその「実効支配」のありかを決定するのが、当時日本を占領し朝鮮で戦争を行って（原爆を朝鮮に投下することさえも真剣に検討して）いた超大国だという不条理。とてつもなく不条理な冷戦権力の茶番劇と、そのツケを未だに支払わされ続けている無力なわたしたちは、ハダカの王様を目撃した時の少年のように笑い転げる衝動を抑えることができない。

1896年に放射能を発見したアンリ・ベクレルの同胞アルフレッド・ジャリは、同じ年、『マクベス』をパロディ化した『ユビュ王』をパリの劇場で上演し、暴動を引き起こした。ユビュ王は不条理な暴君のプロトタイプだ。後年、シュールレアリズムの前衛芸術家たちは、マルキ・ド・サドやロートレアモン伯爵に連なる家系図の原点にジャリを位置づけた。『ユビュ王』は、巨人ガルガンチュアの哄笑と鋭利な剽窃をもって、ブルジョアジーの貪欲で利己的な性質を茶化しただけの作品ではない。現実を超えた夢や意味不明な挙動にあふれるユビュ王の不条理性は、シュールレアリストたちの表現の武器であり特質でもあった。歴史家ガブリエル・コルコが「戦争の世紀」と名づけた20世紀のアーチストたちは、権力の象徴として「ユビュ王」をしばしば召喚している。スペイン内乱が終息し、フランコ独裁体制が樹立された際、ジョアン・ミロはユビュ王を題材にした一連のリトグラフを描いた。現代でも、例えば1997年に上演された南アフリカの戯曲家ジェーン・テイラーのマルチメディア人形劇『ユビュと真実委員会』は、アパルトヘイト体制下の体系的暴力を暴露する目的で活動していた「真実和解委員会」の実態を一種の不条理劇として演出している――自分たちの行った数々の拷問に対して何の責任も問われることなく、ひとかけらの良心も見せずに淡々と語るユビュ王もどきの証言者たちが繰り広げる不条理劇として。そして、ポーランドの映画監督ピョートル・ソルキンは、２００３年公開の『ユビュ王』でポーランド共産党体制崩壊後の擬制民主主義を風刺した。社会が規定する「正気」をやめ、ハダカの王様をハダカのままに見る目をわたしたちが取り戻すとき、本源的蓄積の暴力性は往々にしてユビュ王の暴力性に結晶して映る。何にもまして気まぐれで自己中心、横暴で、（たとえ最終的には蓄積に不可欠な能率性や生態系が壊滅するとしても！）ぶくぶく太り続ける蓄積の不条理性をどうしても止めることができないユビュ王。権力は常に一定の合理性と不条理性の均衡を保ち、後者は前者の原理(支配の自己利益とその維持)のために用いられる。この均衡が崩れ、今にも奈落にズルズル転がり落ちそうになっているのが、わたしたちの時代だ。

縛られた無産労働者階級《プロレタリアート》のプロメテウスは、天上のゼウス（本源的蓄積）の正気然とした仮面を剥ぎ、その下に隠れたユビュ王の実体を知らしめる。歴史や神話、メタファーやレトリックには世界を変える実質的な力はない。しかし、地下から商品を掘り出し、永遠の命を人工的に生産するカインの夢を共有させ、不条理を「正気」だと実感させることはできる。あるいは、その夢がわたしたち自身のものではなく、資本主義の夢であることに気づかせ、このゼウスの夢のせいで殺され続け、抗い闘ってきたわたしたちの内に眠る「縛られたプロメテウス」の記憶を蘇らせることもできる。「放射能」という別名をもつ本源的蓄積にひれ伏す偽プロメテウスとしてのカインの末裔になるのか、それとも、石見銀山、ポトシ、ヨアヒムスタール、そして世界各地の核施設の亡霊たちの弔い合戦に参戦する真のプロメテウスの末裔になるのか――これが今、わたしたちの立たされている歴史的岐路である。

いやまったく、もはや言葉ではなく実際に、大地は揺れに揺れ立っている。雷鳴は海の底からこだまして轟きわたり、火と燃える閃光に稲妻は輝きわたる。竜巻は濛々と砂塵を巻き上げ、ありとある風の息吹は、互いに逆風と争い合って乱れさわぎ、大空は海原と一ことに洶《わ》きたっている。このような勢いがゼウスのもとから恐怖をもたらし明らかに迫って来るのだ。おお、聖なる私の母（テミス）よ、おお、万象にあまねく光をめぐらす高空、見てくれ、私がどんな不正を受けているかを[18]。

1　このルポは吉田を含む同紙特報部の著作として、同じく『プロメテウスの罠』の書名で書籍化されている（学研パブリッシング、２０１２年～、既刊３巻）。

2　Peter Linebaugh, “Ypsilanti Vampire May Day”, *CounterPunch*, weekend edition (April 27-29, 2012): http://www.counterpunch.org/2012/04/27/ypsilanti-vampire-may-day/

3 Peter Linebaugh, "The Wedges of Hephaestus", CounterPunch, weekend edition (October 29-31, 2005): http://www.counterpunch.org/2005/10/29/the-wedges-of-hephaestus/

4 Georgius Agricola, *De Re Metallica*, trans. Herbert Clark Hoover and Lou Henry Hoover (London: Salisbury House, 1912), pp. 16, 19.

5 Eduardo Galeano, *Genesis: Memory of Fire*, trans. Cedric Belfrage (New York: W.W. Norton, 1998), p. 172.

6 『マルクス=エンゲルス全集』第23巻（岡崎次郎訳、大月書店、１９６５年）９８０頁。

7 Immanuel Wallerstein, *The Modern World-System I: Capitalist Agriculture and the Origins of the European World-Economy in the Sixteenth Century* (Berkeley and Los Angeles: University of California Press, 2011), p. 329.

8 *Ibid*., p. 330.

9 *The Memoirs of Herbert Hoover Volume 3: The Great Depression 1929-1941* (New York: Macmillan Company, 1952), pp. 230-232; Douglas MacArthur, *Reminiscences* (Annapolis, MD: Naval Institute Press, 1964), pp. 96-97.

10 Franz Schurmann, *The Logic of World Power: An Inquiry into the Origins, Currents, and Contradictions of World Politics* (New York: Pantheon Books, 1974), p. 142.

11 C.L.R. James in collaboration with Raya Dunayevskaya & Grace Lee, *State Capitalism and World Revolution* [1950], new edition with foreword by C.L.R. James and introduction by Paul Buhle (Chicago: Charles H. Kerr, 1986).

12 Gar Alperovitz, *The Decision to Use the Atomic Bomb and the Architecture of an American Myth*, with the assistance of Sanho Tree et al. (New York : Knopf, 1995). 邦訳：鈴木俊彦・米山裕子・岩本正恵訳、上・下、ほるぷ出版、１９９５年。

13 C.L.R. James, *The Black Jacobins* [1938] (New York: Random House, 1963), p. 291.

14 *State Capitalism and World Revolution*, p. 126.

15 *The Correspondence of Erasmus: Letters 1-141 (1484-1500)* (Toronto: University of Toronto Press, 2002), pp. 231-232.

16 Thomas P. McDonnell, ed., *A Thomas Merton Reader* (New York: Harcourt, Brace & World, 1962), pp. 378-379.

17 Thomas Merton, "A Devout Meditation in Memory of Adolf Eichmann" in *Raids on the Unspeakable* (New York: New Directions, 1966), pp. 45-49.

18 「縛られたプロメテウス」呉茂一訳、『ギリシア悲劇Ｉ　アイスキュロス』（筑摩書房、１９８５年）57頁。

民衆科学詩

暗闇から毒を押し返す

森　元斎

水俣が潰るるか潰れんか。天草でも長島でも、まだからいもや麦食うて、人間な生きとるばい。麦食うて生きてきた者の子孫ですばいわたしどもは。親ば死なせてしもうてからは、親ば死なせるまでの貧乏は辛かったが、自分たちだけの貧乏はいっちょんも困りゃせん。会社あっての人間じゃと、思うとりゃせんかいな、あんたたちは。会社あって生まれた人間なら、会社から生まれたその人間たちも、全部連れていってもたいまっしゅ。会社の廃液じゃ死んだが、麦とからいも食うて死んだ話はきかんばい。このことを、いまわたしがいうことを、ききちがえてもろうては困るばい。いまいうことは、わたしたちがいうことと違うばい。これは、あんたたちが、会社がいわせることじゃ。間違わんごつしてもらいまっしゅ。（石牟礼 2011:190）

❖0　はじめに

感受（feeling）を基にした科学的営為には、単に科学的な思考だけでなく、そしてまた単に生活の思考だけではない、それらを包括した思考態度がみてとれる。路上の市民計測者たちによって「黒い物質」が発見されたとき、計測者たちの手には科学の装置としてのガイガーカウンターがありながらも、生活の中で使用する言葉を発することで、抽象的な科学と日常的な言葉とが具体的に結びつき、新しい詩的言語が生みだされた。路上にある黒い物質は分類学的には藍藻であるとされている。藍藻は通常カリウムを接種し成長するのであるが、放射性物質拡散以降のこの世界において、それはセシウムを接種して成長する。そして生物濃縮が起き、3・10までの路上にあった藍藻ではなく、3・12以降の路上の黒い物質へと生成変化し、かつてはありえなかった「放射能を解き放つ存在」となったのである[1]。

3・12以降の生活での私たちは、ガイガーカウンターを持ち、そして科学的営為へと接近し、今ではそれが集合化、サークル化している[2]。サークル化した運動とでも呼べるそうした動きの一つに、市民測定所の運営があげられるだろう。市民測定所には、もともと反原発運動にかかわっていた人々、食育推進系の団体員やスーパーの職員、そして主婦やこどもたちが集まり、情報を交換し、驚きや不安、喜びを感受している。測定者たちは、測定所に到着するや否や、室内温度を、そしてサンプルのセシウム１３７で測定器のメモリを調整する。全国から送られてきた食品や土壌を機械に詰め込み、測定を行う。４００秒、あるいはそれ以上の時間をかけて測定し、データをにらみながら待つ。この間測定者たちのあいだでは、この食品はどこそこの測定結果では何ベクレルだったとか、やはり検出されないのではないかとか、やはり検出されるのではないかとか、さまざまな言葉のやりとりがある。この言葉のやりとりのなかには、時に、詩的とも言えるような言葉が沸き立つ。

❖1　暗闇の思想——感受に基づく民衆の科学と詩

科学的思考を民衆が蓄積し、その蓄積を基に電力会社に対してものもうしたという事例がある。大分県中津市で生涯を過ごした作家、松下竜一は、１９７２年から周防灘総合開発計画、特に豊前火力発電所建設への反対運動を展開した。社会運動にまったくかかわりがなかった松下ではあったが、ちょっとしたきっかけがもとで電力会社との闘争に没入することになり、彼の軌跡は40年後、私たちにとって民衆科学の一つの歴史としてよみがえることとなる。

松下は創作活動のほかに、「中津の自然を守る会」のメンバーとして青年部学習会を組織していた。夜毎10人足らずで集まり、公害による環境への影響を精査し、ときに科学理論に踏み込みながら、火力発電所からの亜硫酸ガスの排出量等を割り出し、議論していた。それらの検証をもとにした九州電力との度重なる交渉のなかで、松下は「九電の示す公害防止計画案が決して安全でないことを、九電との理論的対決の席上で暴露し、その成果を市民に知らせること以外にないだろう」（松下 2012a:72）という決意に至る。そこで立てた作戦とは「九電が絶対安全としてふりかざす亜硫酸ガス最大着地濃度０・０１１７ｐｐｍの根拠を徹底的に突き崩すことであった」（同前:74）。交渉の段では、彼らの学習の成果と、激しい詰問の言葉が相俟って、九電の技術専門陣をたじたじにさせた。「計算式なんか信じられないんだよ」、「冗談いうなっ！　なにが科学だ。これまでその科学にどれだけ各地の住民がだまされてきたか！　やれ、ボサンケ式だのサットン式だの、もっともらしい式を出して、これなら安全ですと言っておきながら、建ってみると公害は出るじゃないか」（同前:75-76）。

加えて、九電側による結果と理論計算とのつじつまあわせ（風洞実験）が下請けの三菱重工のデータを参考にしていることに対して、松下らが「で、九電から誰が立ち会ったんですかあ」と聞くと、相手は黙ってしまう。松下らはさらに追い打ちをかける。「いいですか。三菱重工の風洞実験は風速毎秒６メートルを吹かすんですよ。そこで風洞実験の模型は２５００分の１に縮尺されていますよね。小さな箱庭みたいなもんですね。その中を地上そのまんまの風を吹かすなんち、おかしな話ですね。毎秒６メートルを２５００倍したら秒速15キロメートルですよ。こんな途方もない風ありますか」。これに対して九電側は、「困りましたなあ。あなたがたしろうとはそういいますけどねえ、それが科学というものなんですよ」（同前:77）と答えている。他にも、九電が公害対策用に検討している排脱装置は、関電が以前に公害対策に役立たないことを理由に使用をとりやめたものだった。松下をはじめ学習会の人々は、こうした矛盾や不備を徹底して突いた上で、最終的には亜硫酸ガスだけでなく窒素酸化物の排出に関しても算出し、火力発電所の公害影響評価の検証において電力会社やメーカー、「御用学者」を凌駕したのである。そして学習と議論の成果、交渉の様子を、広く市民に伝えていった。

こうした中で松下は、「暗闇の思想」を訴えるようになる。「暗闇の思想」とは何か。「つまり公害問題だけではなしに、もうこれ以上エネルギーを濫費するような生活は許されないのではないか、ということを訴える」（松下 2012b:51）ことである。九電は、九州の人々に対しては来るべき電力危機への懸念を喧伝しつつも、本州の企業に対しては自社の発電量の多さを売りにして企業誘致を行うという恥ずべき二枚舌を駆使していた。九州の人々は、こうした九電の姿勢を真に受けたり、疑問に思ったりしながら、最終的に「経済」を理由に騙されていった。そのことをふりかえると、「返す言葉がなかったんですね」（松下 2012b:51）。そこで松下は「公害をあげつらうだけ」（同前）ではなく、全生活を包括するような思想的態度をぶちあげるのである。「別に、私どもは真っ暗にしてしまえ、なんていうことを言っているわけでは全然ありませんで、いわば、現代の、明るさだけを志向する、開発だけがいいんだというような方向へのアンチ・テーゼとして「暗闇の思想」というタイトルを付けただけで、豊前や中津で地道に暮らしておりました私どもは、ごく平凡なことを言ったに過ぎなかった」（同前:53）。企業が資本の相次ぐ投下によって利潤を巻き上げることと、私たちが具体的に生活していくこととはあまりにもかけはなれている。こうした乖離が生じたときに、どの位相に腰を据えるべきか。松下は当然の道を選んだのである。つまり私たちが感受し具体的に生きるということの方に重きをおいたのである。そしてそのときに、民衆科学と同時に詩的な言語が、つまり「暗闇の思想」という言葉が立ち現れたのだ。

当時はまた、科学技術の抽象性そのものが、現実と相容れずに現実化される毎ごとに公害をまき散らしていた時代である（四日市ぜんそくや本稿で後に触れる水俣病など）。公害対策はただ抽象的な水準で実行されるだけであり、風の動き、土地の緩急、そして地震などといった現実の複雑さから生じる懸念材料は常に、抽象性によって検討されたにすぎない。このことは、原子力発電所の設置に関しても同様である。たとえば、原発の操業によって高レベル放射性廃棄物がたまり続け、その最終貯蔵地のめどが全く立っていないという戦慄すべき状況について、東京電力の副社長、原子力本部長を歴任した榎本聡明は次のように述べている。「高レベル放射性物質の地層処分は、地点選定に数十年、さらに処分場の建設から閉鎖まで数十年とかなりの長期間を要する事業であるとともに、処分場閉鎖後、数万年以上というこれまでに経験のない超長期の安全性の確保が求められます。したがって、地層処分事業を円滑に実施するためには、事業の意義やそのしくみについて、各地方自治体や国民に広く理解、協力を得る必要があり、理解活動がよりいっそう重要となります」（榎本 2009:205）。

この迷言に対して山本義隆は正しくも次のように述べている。「正気で書いているのかどうか疑わしい。「数万年以上」にわたる「超長期の安全性」をいったい誰がどのように「確保」しうるのだろう。太平洋プレート・北米プレート・ユーラシアプレート・フィリピン海プレートの境目に位置した世界屈指の地震大国にして有数の火山地帯で、国土には多くの活断層が縦横に走り、豊富な地下水系を有する日本国内に、数万年も安全に保管できる場所がどこにあるというのか。数万年といえば、その間には日本列島の形すら変わっているであろう。そもそもがホモ・サピエンス（現生人類）が誕生したのが今から3ないし4万年前のことである。ちなみに「理解活動」とはなんのことか。これまでのように、札束の力で「理解」させる「活動」のことなのだろうか」（山本 2011:37）。

美しくも果てしない感情に襲われるマイケル・マドセン監督のドキュメンタリー『10000年後の未来』では、文字通り数万年単位で放射能を放出する放射性物質、つまり核のゴミを貯蔵する場所の取材を通じて、人類と放射性物質との関わりの未来が描かれている。もはや核のゴミが厳然たる現実となっている現在、私たちはすでに途方もない時間スケールの中で放射能に対峙しつつ生活している。言うまでもなくその歴史はまだ始まったばかりだ。未だ疫学的には甲状腺ガンと白血病の二疾患でしか把握されていない放射性物質の影響は、人間を含めた自然環境へとより視野を広げて、環境影響評価を行うべき問題であるだろう。

こうして放射性物質拡散とその影響評価という現在進行中の出来事が私たちの生活を脅かす中で、冒頭にも述べたように、とりわけ市民計測者たちの営為を通じて、民衆科学と詩的言語が続々と立ち現れつつある。

たとえば、「空気のベクレルを測る」という、一見なんの変哲もないが、しかしよく考えてみるとわけのわからない言葉が誰かの口から発せられるや否や、そのための方法が編み出されていく。空気のベクレルとはいったいどういうことか。通常は空間線量として、ガイガーカウンターによって主にシーベルトという理念的すぎる単位の値で算出される。ベクレルで測るとしたら、

「１kgの空気」とか「１㎡の空気」というものを把捉しなければならないが、そんなことは不可能なのではないか。しかし実はそうではない。いくつか実際の事例があるが、ここでは空気清浄機に着目した計測方法を挙げておく。福岡の市民測定所Ｑベクでは、神奈川県綾瀬市から福岡県北九州市に避難してきた人が所有していた空気清浄機のフィルターを測定した。その人は２０１１年３月11日以降の約10日間、余震や原発事後に動揺しながらも綾瀬市の自宅に住み続けていた。その間、窓の開け閉めは普段通り行っていたものの、放射性物質拡散に対する恐怖から、避難する間際になって空気清浄機を購入し、窓には目張りをして部屋を密閉し、清浄機のスイッチを入れたままで避難した。完全移住を決めて引っ越し作業のためにいったん綾瀬に戻ったのが２０１２年２月。このときにようやく空気清浄機のスイッチを切ったという（その後この人は、せっかく北九州に移住したものの、瓦礫が追いかけてきたとげんなりしていた）。

　つまり空気清浄機は、およそ11か月間にわたって作動していたことになる。そのフィルターを取り出して測定を行った。機種は応用光研のＦＮＦ‐４０１（シンチレーションによる微量放射能測定装置）、測定時間は４０００秒、フィルターの重さは０・２１３kg（設定値として軽すぎるので１kgで測定）、セシウムの総計で１０２ベクレルを検出した（セシウム１３４が40ベクレル、セシウム１３７が62ベクレル）[3]。住人不在の間、部屋は密閉されていたのだから、放射性物質が容易に入ってきていたとは考えにくい。したがって、住人が家を出入りしていた２０１１年３月11日から10日間のあいだに、衣服に付着するなどの形で家の中に放射性物質が入っていったと考えられる。つまりたった10日間で、しかも神奈川県近辺にまで、検出できただけでも１００ベクレル前後のセシウムが確実に舞い散り、それを人々は吸引していたことになる。[4] シーベルトというまやかしの値ではなく、具体的なベクレルで空気中の放射性物質を把捉する。この行為と値からこそ、私たちは対抗するための根拠を持ち出すことができる。ベクレル派は「中津の自然を守る会」の人々と同様、ひたすら測り、考え、話し、ときには議員や行政にも働きかけつつ、しかしやはりひたすら計測する。「空気のベクレルを測る」という詩的な言葉が、民衆科学の営為と密接に結びつき、さらには政治的なアクションをも支えていく。70年代の九州と２０１１年以降の私たちの世界には、民衆の科学と詩と政治が結びつく光景がたしかに存在している。

さて松下はほかにも、民衆が科学的思考を獲得していった事例として、室原《むろはら》知幸という人物についての記録文学を残している。『砦に拠る』という作品である。松下の言を引く。「室原さんといえば中年以上の年配の方はまだ名前をご記憶だと思います。ただ、若い方はご存じない人でありますので、簡単に説明しておかねばと思うんですが、１９５３年に筑後川が集中豪雨で氾濫しまして、久留米を中心に大被害が出ました。そのために１９５７年、筑後川の上流に水量調節のためのダムを作ろうという計画が出てきまして、それが下筌《しもうけ》・松原というダブル・ダムの構想になっていくわけです。下筌ダムが造られますのが、大分県と熊本県の県境にあります津江川の上流でありまして、その津江川の熊本県側、小国の志屋という村に住んでおりましたのが室原知幸さんです。山林地主でありまして、この人がこの下筌ダムに反対しまして、志屋の人々を引き従え、ダムサイトになります蜂ノ巣岳に壮大な砦を築いて、建設省つまり国に抵抗するわけです」（松下2012b:70）。１９７０年代に陸続と立ち上がった住民運動の先駆けとも言うべき人物である。松下が述べる通り、70年代の住民運動とは、「一口で言いますならば、それは公共性に対する私権、〈私〉の権利の抵抗であったというふうにひっくくってもよかろうと思います」（同前:72）。この室原の闘争は13年に渡り、松下はまずその期間の新聞記事を集めた。しかしながら淡々と書かれた新聞記事では「ドラマ的要素に乏し」く、「落胆してしまいました」（同前:74）。けだし民衆とは、新聞記者や科学技術者や行政が考えるような単なる「反対要因」ではない。抵抗する具体的な「人間」なのである。その上室原は、決壊したダムの下流に住む人々自身が反対したにもかかわらず、断固として死ぬまで闘争を続けた「人間」であるのだ。この人間室原を理解するために、松下は室原の未亡人ヨシを訪ね、度重なる取材拒否（?）にもめげず、執拗に聞き取りを行い、その過程で「私はなぜ記録文学を書くか」という講演を行っている。その内容からは、「ドラマに乏しい」新聞記事とは全く異なる松下の手法がうかがわれる。たとえば豪雨の様子ひとつとっても、新聞なら「何月何日何時何分、強い雨が降りはじめ…」と書き出されるところを、「あの朝ばさろう山鳴りがしましてなあ」という民衆の言葉のリアリティを起点にすることで、そこに具体的な人間のドラマが浮かび上がる。この具体的でリアルな「人間」に焦点を当て、寄り添うことでこそ、言葉は私たちの感受に響き、そしてまた感受の誘因であり続ける。

さて、室原の闘争を追う松下は、ある出来事に驚愕する。それは室原の敵である建設省の態度である。下筌ダム闘争の際、建設省は松下・下筌ダム工事事務所の所長を交渉役に立て、反対運動に対立させたのである。これについて松下は次のように述べている。「初代所長野島虎治氏、その後の福島健氏が、一人の人間としての個性をもって、室原さんの前にたちはだかった。そこに人間対人間のドラマが生まれたということがあります」(同前:82)。私たちは今、東京電力をはじめとした電力会社、そして市町村や都道府県、国の行政機関と対峙しているが、多くの場合、いくら文句を伝えようとも、広報担当者が現れて「上の者に伝えます」と言うだけなのが現状である。後に触れるように水俣病に関しても、多くの原告や被害者が立ち上がろうとも、人間対企業／行政という対立図式でしかない。一方この室原と建設省の戦いは、人間と人間との戦いだったのだ。しかしこうした「人間対人間」の対立の図式は、「やがて70年代の住民運動の中では無くなっていきます。行政や企業の側が賢くなったと言いますか、狡くなったと言いますか、組織として対応するようになりまして、人間として対応しなくなるんです」(同前)。

やがて松下は室原自身が残した闘争の膨大な記録にも手をつけて、作品を練り上げていこうとする。そこで民衆科学の登場である。「とにかく、室原さんは晩年、歳をとられてからものすごい勉強をなさってるわけですね。それはもう、その資料を見ればわかります。ダムも発電所も一緒につくんだということになりますと、高校の電気の教科書を取り寄せて、それを一から勉強しているんです。教科書に赤いアンダーラインが引かれていまして、勉強した跡が窺えます。あらゆるジャンルにわたって猛勉強をしたんですね。取材する側になりますと、そのことは本当に大変でした」(同前:84)。この取材を通して松下もまた、室原の軌跡をなぞるようにして、河川工学やダム工学、林業はもとより、砦の建築的な構造についても理解しようとつとめていったようだ。室原に寄り添う中で、松下は広島工業大学建築科の教員と学生に協力を仰ぎ、室原の建造した蜂ノ巣砦を「人民の抵抗の砦」(同前)として、その建築上の価値を明らかにしようとする。三つの大学の研究グループとともに現地に入り、「何年の時点でどのあたりまで砦ができていた。何年にはどうなった」(同前:85)という建造過程をつぶさに調べ、そのデータも参照しながら自身の作品を仕上げていった。松下は記録文学作品を練る際に、人間室原の営為を通じて、民衆科学の知的開闢のプロセスを追い、その中からまた室原という人間の具体性を立ち上げていったのである。松下は、環境影響評価をめぐる科学の理論的水準と、具体的な人間の生活・思考・態度を決して切り離すことなく描こうとした作家であった。「暗闇の思想」とは、その営為の結晶であり、民衆の感受に基づく科学と詩の別名ではなかったか。

❖2　私はチッソであった——言葉が生まれるとき

「人間」の闘争の渦中にいる私たちにはもう一人、参照しておくべき「人間」がいる。水俣病患者の一人、漁師の緒方正人である[5]。緒方はチッソの引き起こした公害に対して「この事件は人が人を人と思わなくなった時点からはじまった。そのときすでに、この大自然を一方的支配と欲望のみで侵す思想は、やはり侵略者であった。私はこれを水俣病事件と呼んでいる」と述べ、当時のチッソ社長野木貞雄にあてた「問いかけの書」の中で次のように述べている。

しからば、水俣病事件の原点に立ち返って「我ら人間なりと叫び」、そしてチッソの中にいる全ての人々に向って「彼ら人間であれ」と呼びかける。人間と自然の存在すら否定し続けて来たこの水俣病事件、現認して来た歴史の証人として、私はどうしても次の二つの問いかけをしたい。これをどうにか答えてほしい。

一、父を殺し、母と我ら家族に毒水を食わせ、殺そうとした事実を認めてほしい。

二、水俣病事件はチッソと国・県の共謀による犯罪であり、その三十年史であった事実を白状してほしい。

右の二つの問いかけについて、あなた方が心から認め、文書による回答をするならばそのときはじめて、私はあなた方を人として認め、その罪を許すことが出来る。

人は自然を侵さず
人は人を侵さず
人は自然の中に
はぐくまるるものなり
人と人と人との間に生きる人間でなければならない。
私は、自宅にてあなた方の謝罪文を心から待っている。　（緒方 1996:224-225）

松下同様、緒方もまた人間の具体的な営為、それも人間が殺されることによって生じる憎しみや怒りや悲しみの、曰く言い難い感受から言葉を放っている。緒方は不知火海の漁師であり、彼の生活から紡ぎ出される言葉には海が最も具体的な姿として常に現れている。そこにはある意味で、職人的な科学とも言うべき海との対峙の仕方がある。海の波や魚の姿から不知火海の状態を知り、その感受はまた海の神秘（通常の「科学」が排除するもの）をも捉える。漁師にとって潮の満ち引きは、経験的な勘によって捉えられる変化である。民衆知は常に海の変化に敏感であり、そうした知からみると「今の海は昔の海とはあまりにも違う」（同前:198）。今の海には水銀だけでなく農薬も流れ、生態の変化は著しく、「進歩とか文明とかいうものとひき替えに失ったものの大きさを思う度に呆然とします」（同前:199）。そのような海＝自然と人間をひっくるめた世界の破壊者として、緒方はチッソを告発したのであった。

こうした彼の曰く言い難い具体的な感受はまた、決して金銭でははかれないものを捉えていた。緒方は抵抗運動の対立図式に関して、「チッソの姿が自分に見えてこない」（緒方 2001:40）と語っている。加えて、「裁判や認定申請も制度の中の手続き的な運動」になりがちで、「「チッソってどなたさんですか」と尋ねても、決して「私がチッソです」という人はいないし、国を訪ねて行っても「私が国です」という人はいない」（同前）。やがて緒方は落胆のあまり「狂い」、仲間とともに行っていた激しい抵抗活動から離脱し、熊本県とチッソに対する認定申請も取り下げてしまう。周囲からは「認定申請しとけば、二百万だか三百万だかもらえるようになっとっとに」（緒方 1996:124）と惜しまれたが、緒方にとって人間が殺されるという事態は金銭で解決されるようなものではなかった[6]。

ここから緒方は、単独で、彼なりの抵抗を試みるようになる。認定申請取り下げの際、彼は県庁職員に、「お前たちには愛想が尽きて、もうおのれ自身で認定するしかないと悟った」（緒方 1996:124）という主旨の文書を手渡した。そのときの心境を「痛快だったなぁ」（同前）と回想しつつ、次のように述べている。

> 彼らの顔には、今まで見せたことのない限界の表情が現れていた。それも役人としてではなく、個人としての限界の表情。いつも役人としての答弁というものは準備されているでしょ、「検討します」とか、「善処します」とか。そういう時の役人の顔でこれまでずっと押し通してきたんだけど、今日の俺にはそれが通じない。それで困りきっているといった感じ。俺が、水俣病患者という集団の一員ではなくて「緒方正人」という個に戻ってしまっていたものだから、相手は役人面をすることもできなくて、自分の個としての顔ってどんなだったかな、と探しているような感じでした。その後十年経って、時々あの役人たち

と出会うことがあるんですが、お互いどこか認めあっているところがあるんですよね。妙なものだけど。（同前:125）

この認定申請取り下げが１９８５年の12月であり、緒方はその翌月には先に引用した「問いかけの書」をチッソに提出、５月には「常世の舟」を進水させる。常世の舟とは何か。

「問いかけの書」を提出後、チッソからは「一応、返事らしいものが返ってきた」。しかし「俺にとってはそれじゃ返事になっていなかったんで、その旨また手紙を書いた」。それに対する回答にもまた納得がいかず、緒方は「さらにこちらの思いを表すために、木の舟ば造って、それでチッソへ行き、そこに身を晒そうと考えた」（同前:126）。なぜ、木の舟でチッソに向かおうと考えたのか。これに対する緒方の答えは、「チッソの工場のほうに川があって向こうから水が流れてきて」おり、「海にさかのぼることによってそれを押し返したいと思った」（同前:126）というものであった。毒が川を伝って、緒方らが漁をする不知火海に流れ出し、水銀の害が広まってしまった。だからその毒を不知火海から逆流させ、チッソに押し返すというのである。むろん、これは象徴的な行動にすぎない。しかし、「科学」をめぐる議論でらちが明かないからこそ、緒方は象徴的な水準で抵抗を試みたのである。そしてその舟は、「木」の舟でなければならなかった。緒方はこう語る。「木の舟にこだわったのは、チッソの強化プラスチックのお陰でできたような車とか舟とかで行くのは癪に触るから」（同前:127）。「プラスチックといえば、チッソがつくったようなもの」であり、「クズになっても、自然には還れん品物」（同前）だからだった。

その木の舟は石牟礼道子によって「常世の舟」と名付けられ、緒方は1985年12月7日、この舟で単身舟出した。不知火海を東へ進むと、次第に水俣の灰色の工場群と煙が見えてきて、「工場からの酸っぱい臭いが鼻を」（同前:132）つきながら、丸島漁港に到着。すると「朝市にかけつけた漁師やら仲買人やらが、常世の舟を見てポカーンとし」、「この人たちは、帆をかけ櫓を漕ぐ木の舟がこの世にあったことなど、もうとっくに忘れていた」（同前:132-137）。漁師たちはつい最近まで木の舟を漕ぎ、漁を行っていたのに、突然現れた木の舟は彼らにとって、すでに過去の遺物でしかなかった。これも、企業による資本投下によって人々の仕事や生活が囲い込まれ、記憶がカネでねじふせられてしまったことの一つの記録でもあるだろう。

港についてから緒方は、「用意していたリヤカーに七輪やムシロや焼酎をのせて、屋台のオッチャンという姿でチッソの正門まで二〇分ほど歩き」、チッソの守衛所に行って挨拶をする。「こんにちは。女島の緒方ですが、水俣病んこつで門前に座りますけん」（同前:133）。そこへチッソの幹部が、この突然の「個」の来訪に恐れをなして駆けつける。

> 間もなく、向こうの課長だとか部長だとかが出てきて、「緒方さん、何事ですか」と聞いてきた。俺が「一日ここに座っとこうち思って」と答えると、「ここではなんですから、ひとつ、中のほうへ入ってお話を聞かせてください」と言う。でも、俺は「奥座敷なんて、そんな気使ってもらわんでよか。何も心配せんでよかけん」と聞きいれない。笑っちゃいますよ。「話し合いましょう」なんて、向こうが言ってくるんだもん。俺は別に話をしようという気はなかった。言葉を尽くしたところで埋まるものではないと思っていたから。でも、向こうは体面があるでしょう。それに何の目的でそんなことをしているのかもわからない。「なんにもしにきたわけじゃなかか」という俺の言葉に偽りはないんですが。（同前:134）

緒方は、曰く言い難い感受をただ表現するために、かつて漁師たちが使用していた木の舟に乗り、毒を押し返そうとしたのだった。はたしてそのとき、彼の感じていたことは、言葉では表現できないものだったのであろうか。そうではない。ここから、緒方は曰く言い難い感受を、満身の思いを込めて言語化するのである。緒方は、水俣病で亡くなった父親の写真を脇に置いて、ムシロに黒と赤の塗料で次のような言葉を即興で書き記す。

〈チッソの衆よ〉
この水俣病は
人が人を人と思わんごつなったそのときから
はじまったバイ。
そろそろ「**人間の責任**」ば認むじゃなかか。
どうーか、この「問いかけの書」に答えてはいよ。
チッソの衆よ
はよ**帰ってこーい**。
還ってこーい。

〈被害民の衆よ〉
近頃は、認定制度てろん
裁判てろん、と云う**しくみ**の上だけの
水俣病になっとらせんか。

こらー。
国や県にとり込まれちゅうこつじゃろ。
水俣病んこつは、人間の
生き方ば考えんばんとじゃった。
この海、この山に向きおうて暮らすこつじゃ。
患者じゃなか。
人間ば生きっとバイ。

〈世の衆よ〉
この水俣に環境博ば企てる国家あり。
あまたの人々をなぶり殺しにしたその手で
この事件の幕引きの猿芝居を、
演ずる鬼人どもじゃ。
世の衆よ
この事態またも知らんぷりをするか。

（太字は赤で書かれた文字。緒方 1996:135-136）

これを書き記していると、警察官から猫、新聞記者やテレビ局の人、全く知らない人、支援の人等々、多くの人間が見物にやってきたそうだ。しかしなかでも彼が「教えられ」たのは、子どもだという。「ムシロに書いた呼びかけを誰よりも真剣に読んでくれるのは、学校帰りの子どもたちなんですね」（同前:139）。そこで、緒方はムシロの詩に子どもへのメッセージが抜けていたことに気づき、加筆する。

〈こどもたちへ〉
おじちゃんがナ、六才のときやった。
とうちゃんが水俣病になってしもうたんや。
チッソ工場のながしたどくで
手も足もブルブル、ガタガタふるえて
立ち歩きもでけん。
ヨダレばかりながして

くるうてくるうて死んでしもうた。
そんときから、おじちゃんはほかのこどもたちから
「水俣病ん子」といわれて石をなげられたりした。
それがいちばんつらかった。
なあー、みんな。
水俣病んこつばふかあく考えてみよい。
このじけんは、みんなにも、
とってもだいじなことをおしえようとしとるごたる。（同前:140-141）

緒方は、具体的な言葉で、しかも即興でこの詩を書き連ねている。３月12日以降の路上の計測者たちが名指した「黒い物質」と同様に、日常の生活の中から発せられた満身の言葉なのである。そこでは恐れや怒り、悲しみがないまぜになりながらも、極めてわかりやすく単純な言語化が行われている。しかも、「言葉を尽くしたところで埋まるものではない」と言いながらも、やはり湧き出てしまう内発的な詩的言語が炸裂しているのである。

こうした独自の抵抗の中から、緒方はついにある驚くべき認識へと到達する。責任追及をして

もどこにも現れない「チッソ」。それに対して緒方はこう述べている。「チッソとは一体なんだったのかということは、現在でも私たちが考えなければならない大事なことですが、唐突ないい方のようですけれども、私は、チッソというものは、もう一人の自分ではなかったかと思っています」（緒方 2001:49）。さらにそこから、松下の「暗闇の思想」とも共鳴し合うような議論を展開する。「私たちの生きている時代は、たとえばお金であったり、産業であったり、便利なモノであったり、いわば、「〝豊かさ〟に駆り立てられた時代」であるわけですけれども、私たち自身の日常的な生活が、すでにもう大きな複雑な仕組みの中にあって、そこから抜けようとしてもなかなか抜けられない。〔…〕わたしたちも「もう一人のチッソ」なのです」（同前:49）。

緒方は今も不知火海で漁師を続け、「本願の会」というグループでさまざまな活動を行っている。たとえば恵比寿に見立てて彫った石仏を「野仏さん」と呼んで不知火海に捧げ、慰霊とする。緒方はこれを、「おれにとっていちばん馴染みがあるのはやっぱり恵比寿さんで、いま埋め立て地に恵比寿さん彫って祀ってあるけど、それは私たちは水俣の魂の痛みと向き合い、さまざまな魂や命と対話をしていきたいという表明」（同前:197-198）だと述べている。

❖3　おわりに

　私たちは抵抗することで自らを変える。社会が変わらないと嘆くべきではない。社会とは常に、人間と対立する虚構であり、私たちが幸福になる方向にだけは決して変化しないのだから。私たちは生活する具体的な人間として抵抗し、それを通じて自らの感受を掘り下げる。このとき言葉が生まれ、「患者じゃなか」あるいは「私はチッソであった」、もしくは「常世の舟」「黒い物質」「空気のベクレルを測る」という詩が発見される。そして私たちが具体的な生活の中から言葉を発している限り、「暗闇の思想」が紡がれ、民衆科学の思考的態度を常に刷新するような発想も生まれる。それはもはや切り離された「〈科学〉と〈詩〉」ではなく、「民衆科学詩」とも呼ぶべき一個の態度であろう。その中心的な課題は常に「人間」であり、その人間を資本の投下の資源とみるか、あるいは海や山と対峙しながら「生活」を営む存在とみるかで、事態は大きく異なる。「鉱物的な眼」（谷川雁）で世界を見つめるときに、私たちの何かが大きく変わっていくことがある。緒方にならって私たちはこう言おう。「東電は私たちであった」。今度は、放射性物質を体内に蓄積し続けている私たちが、鉱物的な眼を持ち、民衆科学詩をたずさえて、暗闇から毒を押し返す番である。

1　「黒い物質」については、「ＮＯ！放射能「東京連合こども守る会」」(http://tokyo-mamoru.jimdo.com/高濃度汚染-路傍の土-情報/) を参照されたい。また科学の前提としての具体性については拙論「具体性の詩と科学――路上の市民計測者」『現代思想』40-9、青土社、２０１２年７月、pp.178-187を参照されたい。

2　たとえば、池上善彦の講演 (http://vimeo.com/48682500) を参照されたい。

3　周知の通り、厚生労働省が発表している食品の放射性セシウムの基準値は１kgあたり１００ベクレルである (http://www.mhlw.go.jp/shinsai_jouhou/dl/leaflet_120329_d.pdf)。また私たちは呼吸する際、大人なら1日におよそ15リットル、重量では18 kgもの空気を吸い込んでいる。もちろん、今後より詳細な調査をしなければならないことは自明であるが、参考までに記しておく。呼吸に関しては独立行政法人国立環境研究所の資料 (http://www.nies.go.jp/kanko/news/12/12-4/12-4-06.html) を参照されたい。また、東京都の発表では、２０１１年３月のガンマ線各種吸入摂取量は３６００Bqと算出されている (http://www.metro.tokyo.jp/INET/CHOUSA/2011/12/DATA/60lcq100.pdf)。

4　もちろん人間の呼吸と空気清浄機の機能とを同列に論じることはできないが、「空気のベクレルを測る」ということの一つのデータとして挙げておく。

5　緒方正人については、アジサカコウジ氏、毛利一枝氏から多大な示唆を頂いた。記して感謝したい。

6　緒方の認定申請取り下げは、３・12以後の放射能拡散に対峙する私たちに、「公害闘争」についての深い思索を迫っているように思われる。

【参照文献】

石牟礼道子 2011『苦海浄土』河出書房新社
榎本聡明 2009『原子力発電がよくわかる本』オーム社
緒方正人 2001『チッソは私であった』葦書房
――――1996『常世の舟を漕ぎて』世織書房
松下竜一 2012a『暗闇の思想を　明神の小さな海岸にて』影書房
――――2012b『暗闇に耐える思想』花乱社
山本義隆 2011『福島の原発事故をめぐって――いくつか学び考えたこと』みすず書房

いつ、いかなる場所でも、いかなる人による、いかなる核物質の「受け入れ」も拒否する

「新自由主義的被曝」と「反ネオリベ的ゼロベクレル派の責務」に関する試論

田中伸一郎

❖政治状況整理――「問題否認」「セカンドレイプ」の噴出

イスラエル人はパレスチナ人に起こっていることを知る機会がないのではなく、その事実を知ることを“deny（拒絶）”し〝無視〟するんです。

――イラン・パペ

この原稿を書き始めた頃、ちょうどイスラエルはパレスチナに空爆攻撃を行い、多数の人々を虐殺していた。引用した言葉は、パレスチナ現地で精力的な取材活動を行うジャーナリスト土井敏邦氏がイスラエル人歴史学者イラン・パペから聞いた言葉だ[1]。

しかし、世界では同時多発的にこれまでないほど多くの人々によって、イスラエルに対する抗

議行動が行われた。インターネットやＳＮＳ技術の発達した今、「問題」に対し人々は「無知」ではいられないのである。

したがって、やはり現代において問題になるのはパペが言うように「無知」ではなく「無視」であり、問題に対する否認・拒絶こそが抑圧的現実を維持する大きな動因となっている。

日本政治においてはこの間多くの課題が噴出しているが、そこでも問題の「否認」こそが不当な現状の維持あるいは強化に大きく一役買っている。

オスプレイ訓練・強姦・住居侵入などの繰り返しで明らかになる沖縄の米軍基地問題に対しても、田母神俊雄や森本防衛相などがレイプを被害者の責任に帰したり、強姦事件を「事故」とするような言動を取ってきたし、ネット上の日本右翼・ファシストはこれに追随するような言説の拡散を行った。世界中で認知されている日本軍の従軍慰安婦問題についても、橋下や安倍のような極右政治家や「草の根」ファシストによる否認が行われてきた。いわゆる「セカンドレイプ」だ。

また、逆に橋下徹に対する『週刊朝日』の部落差別攻撃については、「リベラル」・「人権派」・「左派」などの陣営であると目されていた多くの人々が、これを橋下・「維新の会」と「リベラル」的朝日との政治的対立の問題に還元し、部落差別問題であることを無視、「否認」した。

一つ一つ具体的発現の仕方や課題領域こそ違えど、政治勢力的には文字通り「左から右まで」、広く抑圧的現実・問題への否認・黙殺というスタンスが共有されている。これをまず「否認せずに」問題として押えておきたい。

もしここで自分はこれと無関係だと思うのなら、非常に「おめでたい」。全て思う通りに生きている人間などどこにもいないし、その思い通りにならない現実を常時噛み締めていられる人間もいない。政治的問題として浮上するか否かという水面のはるか下で、意識にさえ上らないかもしれないところで誰もが多少なりとも「否認」を行っている。政治的に明白に噴出する目下の「否認」という現状の「芽」は誰にでも生来あるものなのだ。

❖社会背景整理――新自由主義ファシズム

続いてこの日本政治における課題とそれへの「否認」の噴出という状況の社会経済的背景を整理しておかなければならない。この際、ここでは敢えて「3・11原発事故」（矢部史郎氏の言葉で言えば「3・12東電放射能公害事件」）を分析の立脚点にはしない。「全体」的連続性から切断された「部分」を見ることはできるが、切断から始めてしまうのであれば従前からの連続性は見えなくなるからだ。

アジア諸国に対する歯止めの利かなくなった排外主義的ナショナリズムは、日本の国際孤立、転じて唯一の「頼みの綱」たる日米安保条約への依存を同時に深める。戦争責任の否定と沖縄問題の黙殺は表裏一体なのだ。この二正面作戦的に盛り上がる「否認」による右派の虚勢拡大に対して、時に「リベラル」派の報復攻撃における無原則性も容認・黙認される。

この「問題否認」型ナショナリズムは、自民党・小泉政権時代前後から隆盛となった。90年代以降、「新しい歴史教科書をつくる会」や『ゴーマニズム宣言』を描いた漫画家の小林よしのりなどが中心になって、「草の根」右翼やネット上のファシストを巻き込んで戦争責任否定・戦争賛美の歴史教育推進を始めた。そこには、戦後歴史研究に携わってきたような歴史家・歴史学者の姿はほとんどなく、国際的には到底認められないような歴史観を非常に内向的な観点から捏造していった。

この時代の政権は同時に、国家以外の機構や組織における権限・権利・権益を否定することによる「規制緩和」で自由競争による社会経済の弱肉強食化・格差拡大を導く新自由主義政策を推進した。マスメディアを通じて垂れ流された政権や首相・小泉による競争肯定的なマッチョイズムは手っ取り早く国民一般が手にできるマッチョイズムとしてのナショナリズムを呼び起こし、同時に政権も具体的に政策を強行する支持基盤、大衆の思考的前提としてのマッチョイズムを形成するものとしてナショナリズムを必要とした。また、新自由主義は第二次大戦後国際秩序下で推進されたため、帝国主義時代以上に収奪とそれらを許す前提をつくる差別攻撃は国内無産階級のあらゆる層に向かわざるを得ないため、攻撃しておきながら更にそれを「否認」するという「二重の攻撃」＝「セカンドレイプ」も様々な形で蔓延する。

一方、より長期的には、アメリカ政府・読売新聞とともに原子力発電の端緒をつくった中曽根康弘は、国鉄や電電公社の民営化をはじめとする新自由主義政策の日本における端緒をも開いた人物である。

❖3・11原発事故というショック・ドクトリン

ナオミ・クラインは、「大惨事につけ込んで実施される過激な市場原理主義改革」と、それに対する民衆の抵抗力を奪うために恐怖させる計画を「ショック・ドクトリン」と呼ぶ[2]。新自由主義全盛段階・時代においては、競争による（特に「金融」）資本の寡頭化と収奪によって市場の縮小あるいは不安定化が生じ、資本は利潤に確実性を求め、マーケティング・市場調査によって生産過程を規定するが、「ショック・ドクトリン」は理論的に「マーケティング」の延長であり、あるいは両者は相互に他方の延長であるとも言える。なぜなら、後者においては消費者意向となる選択肢は資本によって予め限定されており、前者は作為的もしくは偶発的な「ショック」によって人々の政治的思考・視野が著しく狭窄化した所謂「選択肢ゼロ」状態だからである。

ちなみにクラインは最初の「ショック・ドクトリン」を最初の「新自由主義」であるチリ・ピノチェト政権に見ているが、3・11原発事故の、新自由主義時代下における中期的偶発性と、核技術としての原子力政策推進下における長期的必然性という複合的意味は、まさに「ショック・ドクトリン」の概念範疇に符号する。

だが、ここでは二つの反論あるいは疑問が予想される。その後の脱原発運動の隆盛からして事故が「ショック・ドクトリン」たりえたのか、そして「3・11以降の市場原理主義改革」とは何か。

❖3・11事故は何に「ショック」を与えたか――二つのドクトリン

細かい反論をすれば、事故当初は脱原発デモへの参加者も現在に比較して少なく、また「原発0＝電力不足」というプロパガンダも相当信じられていた。そういった意味では、短期的に人々は選択肢を奪われた状態にあったわけだが、そのようなことは関係なく、筆者はいくら脱原発運動が拡大しても3・11原発事故は「ショック・ドクトリン」であることを主張する。

なぜ、そうなのか説明するために、一つの事件を想い起こす。

２００４年10月29日、イラクで一人の日本人青年が生首を切られて殺害され、その凄惨なビデオ映像はインターネット上でも公開された。アメリカの仕掛けたイラク戦争に加担した日本政府が派兵した自衛隊の撤退を求めた現地のあるイスラム組織によって人質にされた末であった。首相・小泉純一郎および政府は撤退を拒否し、この青年を見殺しにした。

一人の人間の生命が、「イラク派兵」という何の正当性もない国家行為と大々的に天秤にかけられ、捨てることを宣言されたのである。

これもまた一つのショック・ドクトリンであろう。能動的にしろ受動的にしろ、メディアを通じたこの「派兵維持＝見殺し」宣言を日本国民全体が受け入れてしまった先に待っているのは、限りなく生命が軽んじられる国内社会状態である。実際事件の前後に小泉政権が新自由主義最盛期とも言える状態を築いたのは決して偶然ではあるまい。

我々はここを経て、これを引きずって３・11原発事故を迎えたのだ。ここまで来ても、脱原発デモを引き合いに出して事故のショック・ドクトリンとしての性質を否定するのなら、イラクで殺害された青年がたった「一人」すなわち絶対的「少数者」だったということに着目せよ。３・11以降、白日のもとに晒された「少数者」は原発における被曝労働者、なかでも特に生命の危険性が高いと思われる福島原発事故収束作業労働者だ。

東日本住民という圧倒的多数者と、収束作業労働者の関係は明白だ。前者の従前通りの定住生活のために、後者の生命が「犠牲」にされている。

いくら脱原発デモ、反原発運動が盛り上がりを見せても、「収束労働には誰も従事させない、させてはならない」という徹底した生命重視の声や政治的選択肢はほとんど聞くことも見ることもできない。経済・生活など様々な構造的理由付けによって、この生命の犠牲は「自明の理」としてほとんど不問に付されている。収束労働の必要性は従事労働者の生命と比較して重いのかという最も問われるべき「問い」、そして収束労働という犠牲を払わずに済む方法を追求すること、すなわちたとえ少数者であっても徹底して「生命」を尊重するという選択肢は明らかに退けられている。これがイラク派兵下の国家による「見殺し」宣言と3・11という二つのショック・ドクトリンによって、我々が萎縮した「結果」だ。

❖「被曝市場」原理主義改革から「被曝経済圏」樹立・拡大へ

では、もう一つの疑問、3・11以降の「過激な市場原理主義改革」とは何か。間違っても電力自由化などではない。東京電力をはじめとする電力会社は国家と結託した市場における「強者」

なのであり、だからこそ電力自由化は大々的には進まないのである。

結論から言う、それは「放射能を食品摂取し吸気し続けること」である。最も顕著な例は「食べて応援」である。それは放射能にまみれている可能性の高い食品を、その可能性を無視させて流通・消費・摂取させようとする積極的支援だが、これほどの「市場原理主義」があるだろうか。放射能は半永久的とも言える長期の半減期の放射線を放つ、「汚染物質」などという表現では生温い、いわば極小で破壊も制御も不能な無敵の「生命破壊装置」だ。こんなものが混ざった可能性を残したまま、生産・流通・消費を従前通り維持するほどに「市場」が重視されたことがこの日本でかつてあっただろうか。食べるだけではない、諦め忘れる、今まで通りの生活のために放射線管理区域に住み続ける、といった全ての「これまで通り」の行為が、放射能を度外視して経済的合理性・市場を支えることでもあるといった事態ともなっている。政府はこれらを積極的に行っていない側面もあり、いわゆる「不作為」部分も存在するだろう。しかし、「消極性」がこの事態の「過激さ」を否定するものではない。なし崩し的にであっても、間違いなく、生命よりも市場が重視される「過激な改革」は為されてしまったのだ。それが特に「消費者の」生命も含めてという時点でこれは前代未聞の事態ではないだろうか。

そして、この「被曝市場」原理主義は被曝経済もしくは被曝経済圏の形成を導く。福島原発収束作業について、その手当が福島県民に対しては割増されているという従事労働者の証言もある[3]。これは被曝リスクの高い地域の住民を更に被曝労働へと誘導しようとするものであるが、こうしたことを計画した側の観点を推察すれば、「被曝リスクの高い土地に住み続けているということは、もう被曝について抵抗感や警戒心は相対的に低い」と考えているであろう。簡単に言えば、能動的にしろ受動的にしろ被曝を受け入れている人間について、市場経済の支配者たちは確実に「足元を見ている」であろうということだ。

同じことは原発輸出に対しても言える。日本国内では原発反対運動による抵抗にあって不採算となるリスクを考えるとしても、特に第三世界住民からの抵抗は「大したことがないだろう」、そして「日本国民はそれを容認するだろう」という算段があるからこそ、原発メーカー及び推進勢力は輸出にシフトしようとしている。

しかし、それは第三世界・外国の問題というだけではなく、日本国内ではその鏡像のような事態が進行している。大阪では瓦礫焼却反対運動に対して一斉4名、関西電力に対する抗議も含めれば計8名もの前代未聞の不当逮捕・大弾圧がなされた。政府が除染予算を増加させるのとほぼ同じタイミングで、東京電力は全社員を年3回延べ10万人除染作業に投入すると発表した。原発そのものが多大なる反対にあっている今、そして同時に「被曝」そのものへの抵抗感が薄れていると原発利権派が感じているであろう今、放射性廃棄物の除染や焼却といった、「核のゴミ」収集と後始末が新たなビジネスモデルとして日本全体で浸透しつつある。「被曝市場」原理主義改革が国民に受け入れられ成功していると支配階級が見ている限り、3・11のショック・ドクトリンは一層進行する。そう、ピノチェト政権のように時に軍事力やそれに近い諸力＝「警察」の暴力を用いながら。

ここまで来れば冒頭に提起した「否認」問題の重要性が明確になってくるだろう。すなわち、政治的立場の左右などに関係なく我々のほとんどが、収束作業の「重要性」と従事労働者の生命が天秤にかけられていること、自分たち自身も日々被曝していることを、見てみぬふりしたり、そこから目をそらしたりして「否認」しているのだ。

この「否認」がいかなる政治的主張における社会性をも支える、明らかな最重要立脚点である「生命（活動）」に対する危機の「否認」であるため、現在政治的諸相において様々な「否認」「セカンドレイプ」が総花的に噴出するのは必然である。

しかし、被曝は「生命」に対する不可視で且つ地域と世代を超え永遠に続くという最悪の危機であるために、「まず被曝問題から出発して全てを考える」ということは非常に緻密な思考と大規模な発想転換を伴わざるを得ないので、逆に言えばかつてない社会性・普遍性のある主張を生み出す可能性を孕んでいる。それは謂わば、未だ存在していない者、あるいは存在しえなかった者（生まれえなかった者）の存在を拾おうとすると同時に社会のあり方そのものを根本から再考する「大事業」と言える。

❖「希望否認」の時代に抗して――新自由主義的被曝の「構造」を撃つ

さて、我々は福島事故収束労働と、自身の被曝に対してどういった立場を取るべきか。

まず、「収束労働が必要」なる暗黙の前提を暗黙のままにしてはならない。なぜ、必要なのかを問えば、それは福島原発を今のまま放置すれば東日本全体は少なくとも人間を含む生物が生息できない地域になる恐れがあるからである。では、なぜ人間が東日本に住まなければならないのか。住む必要がない、という者はすでにもう西日本に移住したかもしれない。住む必要がある、という者の理由は様々だろうが、ほとんどは経済的理由で離れるという発想が困難になっているだろう。住居や職が東日本にある、といったように。それでも誰かの生命がそれらより軽いということは絶対にないが、動くことが困難と考える人々がこれまで通りの不自由がないくらいの生活はしたいと考えるのもまた当然だ。

だとしたら、するべきことは例えば、少しでも早く収束作業が不要になるように、すなわち東日本ができる限り無人地帯に近づいて作業労働者がいち早く生命の危険から逃れられるように、移住希望者がこれまで通りの生活を移住先でも完全に実現できるような保障と補償や、自治体・企業などを丸ごと移転させる政策を政府に求める運動を行うことだろう。事故後も東日本に住み続けることは、収束労働者の生命を削り続けることを構造的前提としているのだから、少なくともそれくらいはしなくてはならないのではないか。

また、原発事故問題において見落とされがちなのだが、これは発生当時、その最初から「国際問題」なのである。放射能は国境で止まらない。すでに福島由来と見られる放射性物質が世界各地で検出されているし、福島の収束作業を放置（ストライキ）すれば、国内同様の放射能拡散が更に広がることは確実だ。国内だけでは日本住民の移住地が足りなくなるかもしれないし、周辺諸国でも放射線管理区域以上の居住不可能地域が確実に出る。各国協力による移民・移住支援政策が必要になるし、そのためには領土問題を巡って争っている場合ではない。これは人類の危機なのだ。そして、この国際的事態に際して、領土や国家間の争いを扇動することによって国際的対処を妨害する者もまた明白に「全人類の敵」だ。

被曝からの退避と、そのための完全なる移住保障と、それらのための国際平和／協調。これは「夢物語」だろうか。いや、少なくともこれを求めていくことは必須だろう。「夢物語」であることを別にむきになって否定はしないが、「夢物語」「希望」のようなものを前面化していくことは、新自由主義とショック・ドクトリン、そしてそのもとでの被曝受忍、「新自由主義的被曝」とも言える状況に抗する絶対条件なのだと言っておく。

必要であるはずのことを、構造的理由を付けて諦めたり、諦めさせたりすることが果たしてどのような結果につながるか。

自民政権末期から民主政権への移行期にかけて、「派遣切り」などで貧困問題が前景化し、政府も少なくとも姿勢として対策に乗り出さざるを得なくなった。そこで反貧困運動の側からも政府内に意見を橋渡しする動きが見られた。しかし、政府とくに官僚機構は支配階級・上流階層や資本の意向を強く汲む性質が元来強いものであるため、内部的意見調整による「反貧困」への政府政策の重点化、その大元となる新自由主義的政策からの明瞭なる転換はやはり為されなかった。

しかし、問題はただの「失敗」だけでは済まなかった。現在、反貧困運動周辺のＮＧＯ関係者などの中から、公務労働者の雇用を攻撃したり消費税増税を必要と吹聴したりする連中が現れている。[4] 国家機構の階級的性質を見逃していたのかどうかは知らないが、反貧困運動の内部に、支配階級の利害を代弁するような「諸事情」とやらを考慮することによって、貧困が階級的格差から生まれたことを度外視し、まさにまるっきり新自由主義の手先になったかのような輩は確実にいる。国家の性質、階級、そして戦術的敗北への三重の「否認」が、必要な転換を「否定」するという最悪な結果を生んでいるのだ。貧困という事象の原因となる構造がここではすっかり見落とされている。

たとえ、「理想」や「希望」や「夢」といった領域に近い大規模で壮大なことであっても、最も必要・重要であるはずのことを諦めたり諦めさせることは、本人が標榜するはずの目的と間逆の現実を容認・受忍することにつながりかねない。「否認」してはならないのは、問題だけではなく、それを見据えた上でひっくるめて解決しようという「希望」や「理想」もなのだ（ちなみに、大学非常勤講師組合活動などに関わり労働問題を研究する社会学者の入江公康氏は、新自由主義的改革に対抗する思考法として、構造的要因を複合的に組み合わせる官僚的な「高理論」でなく、率直に要望を前面化する「低理論」を推奨している[5]）。

❖「被曝」とその「否認」にも「閾値」はない

反貧困運動の一部が「階級」という貧困の原因を否認して支配階級の手先になったように、反原発運動が「収束作業従事労働者の生命軽視」という現実や、さらにその根本たる「被曝」（の受忍）そのものを否認すれば、多くの人々の「被曝」の手助けをする、すなわち「被曝市場」原理主義に加担する結果に陥ることにならないだろうか。

「収束労働者」が自分自身でない場合は忘れてしまうこともできるし、「被曝」、特に「低線量被曝」は主観的に感じることができない。つまり、感覚的に予め危険を察知することによって「歯止め」を効かすことが不可能なのだ。したがって、「被曝」のみならずその「否認」についてもまた「閾値」は存在しない。「ここまでは大丈夫、さすがにこんなことはしないだろう」というような線はない。より精確に表現すればそうした「線引き」もなし崩し的に失われていく。

収束作業に従事している労働者の中には、「収束労働はこれまでの仕事よりも楽」と言う者もいる[6]。我々は、「収束労働者」が圧倒的危険に晒されてその生命を軽んじられていることを（きわめて冷静に）直視すると同時に、これを苦しみや悲惨の「象徴」・「典型」、「３Ｋ労働」として記号化してしまうことも避けなければならない。なぜなら、圧倒的危険もそれに対する主観的把握の不可能も「被曝」という事象の科学的に把握される特徴に端を発するのであり、収束労働者を「最たる被害者」「犠牲者の旗印」として「祀り上げる」という行為は、「被曝」のもつ「普遍性」という特徴に対する目を曇らせるからだ。「被曝」とは付随的に考えられたりする、労働問題の脇役的課題ではない。感覚的把握が不可能であり、またそれを語ることが憚られる

（＝「否認」されている）状況があるがゆえに誰かの指摘に期待することも不可能なので、まず「第一に」それを考える、「考える」ということを手放さず続けていかなければ必ず抜け落ちて、課題として対象化する機会はどんどん失われていく、そしてその間もあらゆる生命を蝕んでいくので、原則的に最重要かつ最困難な課題として位置付けられなければならないのだ。いわゆる脱原発派の中でもより被曝リスクの高い地域での行動開催は相次いでいる。一度でも「被曝」そのものについての思考が脇に追いやられるとやはりその機会を復活させるのは相当難しいのだろう。だから、それらはきっとこれからも繰り返される。

そして脱原発派でさえ「被曝」を忘れてしまうのなら、その周辺ではさらにそれを問題化するのは難しい。千葉県柏市では市長（秋山浩保）が「市民が除染を」と呼びかけているし、南相馬のマラソン大会には全国から小中学生が召集される。すでに原子力災害現地対策本部(放射線班)と福島県災害対策本部（原子力班）の情報を元につくられたマップによって、県内だけでもかなり広範囲かつ混沌としたプルトニウム拡散が確認されているというのに。

また、瓦礫焼却においても、新設焼却炉でさえ1年で消音機や煙突手前煙道に10キロ程度の焼却灰が溜まる。煙を通して流出する焼却灰は更にその何十倍にもなるため、バグフィルターを通じて大量の放射性物質が拡散されることも指摘されている。

ここから言えるのは、放射能汚染は「不可視」であるということだけでなく、「制御不能」でありどこへでも侵入していくという点において必ず周りを「巻き込む」のであり、またこれが「被曝市場」原理主義改革下である限りにおいて、それは支配階級にとって「配慮」すべきでないどころか逆に「歓迎」すらすべき事態であろうということだ。被曝を受忍する層と地域と度合いは全て増加することになるだろうから、「被曝経済圏」の拡大・強化にとってこれほど喜ばしいことはないだろう。

だからこそ、「被曝」リスクを低減させ、「被曝」を受容させようとする新自由主義的構造と対決するためにも、まず汚染そのものにもそれを強いる構造にも可能な限り「巻き込まれ」ないようにする、すなわち様々なタイミングや方法において、自らを物理的にも思考的にも可能な限り「閉ざす」ことが第一に必要となる。

ベルナール・スティグレールは、現代を技術との関係において人間が「個」を形成する前に半ば強制的に「開かれ」てしまう時代と指摘した[7]。これはもっと簡単に言えば、「日和見」の土壌・土台とも言えるし、これを通じて現代的な階級支配がなされているとも言える。低線量被曝が高線量被曝より高リスクになっているデータの存在も指摘する崎山比早子氏（国会原子力事故調委員）も、「周りに流されず自分の基準をもつことが大切である」ことと同時に、「原子力推進は、

「生命」を徹底して価値判断の基準にしないことによってなされている」ことを示唆している[8]。

❖閉じられた世界から「我々」を再構築する

そして、「閉ざそう」とすればするほどそれがいかに困難かもまた実感される。

ＤＰＩ女性障害者ネットワークの米津知子氏は、原水爆実験の生体への影響を暴いた亀井文夫監督の映画『世界は恐怖する――死の灰の正体』（１９５７年制作）について、「私たちの世界／忌まわしき世界」という線引きを感じたと発言・報告している[9]。この映画の中には「障碍者」が放射線の被害者として登場するが、それは米津氏が指摘するように、確かに恐るべき対象であるかのような印象を受けかねない登場の仕方をさせられている。当然、米津氏も言うようにそれをもたらした存在たる放射能も、「私たちの世界」から線引きされる「忌まわしき世界」に区分され表象されている。

だが、米津氏も言うように、放射能というものの恐ろしさを精確に見るのならば、そのような「線引き」こそ、そもそも絶対不可能だ。どんなに避けようとしても放射能を１００％避けることはもはや不可能。これが現実である。

だから、放射能を気にしても意味はないということではない。少しでもその被害を減らす方法はあるし、むしろそうしたことに対する細心あってこそ、放射能のリスクと、「私たちの生活」「私たちの世界」との分かち難さをより精確に再認識することができる。

そして、それは被曝の結果であると推量できる「疾病」や「障碍」が、特定の「病者」や「障碍者」にとっての問題ではなくまさに我々皆の問題だということでもある。

では、『世界は恐怖する』において「忌まわしき世界」に分離されて登場させられたかのような、「障碍者」や「奇形児」が投げかける問題をどう考えるべきなのか。

「被曝者」も放射線による「被害」に抗い生きる者である。「障碍」や「病気」という形で現れる被曝の影響は、当事者の身体が受けた攻撃とそれに対する身体の抗いの過程やその一部、すなわち「現実」そのものなのであって、否定的にも肯定的にも「評価の対象」では断じてない。

我々が否定するべき、避けるべきは「被曝」すなわち、放射線による身体攻撃なのだ。放射線を受けること＝被曝はいわば端緒としての「被害」であり、「障碍」や「疾病」は身体がそれに抵抗する過程で避けられない現実なのである。その「不可避性」が理解されなければ、「障碍」や「疾病」がいかにも選択可能であるかのような平板な認識のもと、「差別」を避けるという大義のもとで「被曝」を逆に賞賛されるべきものとみなしたり、被曝をもたらす原発を肯定的にとらえるという、実に倒錯した論理さえ生まれてしまうだろう。

❖表象を超えて「被害者」となる

もちろん、「病気」や「障碍」のほうが、避けるべき対象の「典型」として表象しやすい。だが、そういった結果的・過程的部分による分かりやすいイメージに依存せずに、徐々にであっても、放射能によって何が起きているのか、起こされようとしているのかという理論的理解に到達してまさに理論的な防御策を取るべきではないのか（逆に言えば、生命がどのようにして保たれ活動しているかということについてのより精確・精密な理解も必要になる）。

なぜなら、例えば特定の「病気」や「障碍」に至る要素や原因というものは無数にあるだろうし、まして「放射能」に限定されるものではない。だから、何らかの「病気」や「障碍」を避けるというのは事実上不可能なはずだ。特定のリスク要素を避けることはある程度可能かもしれないが他の要素が無数にあるため、例えば放射線を可能な限り避けたからといって、たまたま「癌」や「障碍」に至らなかったとしてもそれはリスクの総計が運よく減じたせいにすぎず、それらの結果を「避ける」ことができたとは言い切れない（証明のしようがない）、というのが表現としてはより精確なものだろう。特定の疾病や障碍という「結果」に過ぎないものよりも、その要因たる、この世界に存在する、放射能も含む「避けるべき」身体への様々な攻撃的要素を把握し避ける、というスタンスのほうが「生命」についての理解としても遥かに精確であるし、また「生命」を助ける意味でも遥かに効果的ではないだろうか。

そして、そうした生命と敵対する要因がどのように生命を攻撃するかについての理解があればこそ、原発事故後の世界において放射能被曝を100％回避することが事実上不可能に近いくらい困難にされてしまい、それだけに障碍や疾病がより身近なものとなることが強く認識される。

そこで生命科学的・医学的に完璧な対処が不可能であるからといって絶望することはない。人間は生き物であると同時に社会的主体でもある。被曝を避けることが完全には不可能な世界の中では、避けられなかった結果としての病気や障碍などを抱えても人々がよりよく生きられるような社会がどのようなものかを考えていくことが必要だし、それを考えていける可能性を有しているのもまた人間なのだ。

障碍者や被曝者に限らず、「円満な生」を送っている者など実はほとんど（全く？）いない。たまたま、差別という顕在化しやすい形をとらないだけ、あるいは目に見える抵抗をしないだけで「被害者」という生き方は我々のうちほとんどの者（99％）の生き方である。ただ、それが「惨めさ」・スティグマを伴って「加害者」＝「支配者」側のイデオロギーにおいて大量に表現されるため、ほとんどの者が直視できず抵抗の意志を奪われているだけだ。したがって、「被害」は決して「惨め」ではないと言わなければならないし、いや「惨め」であるとしても否定的感情に一々引きずられることなく、むしろ「被害者となる」ことから出発して抵抗していく以外に、より生きやすい社会を構築することはできない。

❖「幸福」を廃棄し、「他者」化をやめる

米津氏は「障碍＝不幸」という固定観念に対して異論を唱えた。しかしそもそも「幸福／不幸」という対立概念そのものから離れるべき時に私たちは来ているかもしれない。

「幸」という文字の形は「手かせ」を示しており、「手かせで鞭打ちなどの刑を受けたが死刑は免れた」など諸説はあるがともかく「なんとか死は免れてよかった」という安堵が語源になっているらしい。つまり、それは「死」という不幸と比較して生まれた概念であり、「幸福」とは「不幸」の存在を前提とした比較表現なのだ。よくよく考えてみれば、「幸せな人間」または「不幸な人生」なるものは存在するのか？

何を感じているのかはその本人にしか究極的には分からない。すなわち、個々の主観・感情においては喜びや悲しみ、苦しみや快楽といったものは存在しても、それをそのまま社会や世界に客観的に出現させることはできないので他者のそれらと比較することは不可能だ。口では「うれ

しい」とか「悲しい」とか同じ表現を用いるしかなくても、それらの程度も本当に同じ種類の感情なのかさえも完全に確認するすべは一切ない。一見「円満」「幸福」に見える人間だって、その内面には何が渦巻いているかをさらって確認するすべはないし、一人の人間の内でも一日のあいだに様々な感情の起伏が生じるだろう。

誰にだって「不満」や「苦痛」はあるはずなのに、「幸福」とか「不幸」という概念を用いてしまえば、「あの人に比べて「幸せ」」だと自分に言い聞かせて抵抗する機会を自ら奪い、抵抗しない言い訳を組み立てることもできてしまう。また、その比べられた相手、「あの人」に対しては「不幸」という烙印を押すことになる。「あの人」とは被曝者や障碍者、外国人やホームレス、かもしれない。目に見えやすい差別や抑圧を受ける人を「不幸」とし、自分を「幸せ」とすることで、人は実質的には不可能なはずの比較を行うという無意味な作業を行い、自分が何を感じているか、どんな痛みや不満があるかを殺しながら、その惨めな自分の現実に向き合うことを避けて、「惨めさ」という外形を他者に押し付ける。その他者はむしろ抵抗の中で時に喜びを得ているかもしれないのに。したがって、「幸福」は抑圧や差別を黙認・正当化する概念であり、「不幸」は計りえない他者の内面を傲慢にも外形から推測し押し付けて烙印を押すことで差別を再生産・追認する概念である(そういえば近年「幸福指数」なる指標が流行しているではないか)。

「自分が幸せか不幸か」と問うている暇があったら、目の前の不満や苦痛をどう解消していくか考えたほうがより多くの喜びに近づけるし、「他者が幸せか不幸か」という問いはそもそも回答を得ることが不可能で無意味な問いだ。

そして、3・11以降、被曝とはもはや他者ではなく自分の身に起こっていることなのだ。被曝を恐れるとしても、「障碍者」や「病者」という「典型的」被曝者＝参照軸としての他者に依存しつづけるなら、「自分はそれよりはマシ（幸せ）」という無意味な比較のもと自分の被曝を避けようとする意識を弱め(緩め)、結果自分が苦痛を味わうという羽目に陥るだけだ。一方で、障碍者・病者・原発労働者という「不幸な被曝者」のカテゴリーから自分を切り離すなら、それは放射能や被曝の「人を選ばない」恐ろしさを十分認識できていないことを示しており、そのような認識のもとでは被曝に苦しみ脅かされる人々の真の助けになれるとは到底考えられない。いくら「支援」によってインフラや社会状況を改善したところで、被曝はまず第一に生物の個体や生体の内外を問わず自然科学的・生物学的被害をもたらすものなのだから。

被曝量をどのように減らそうとするかは、特定の人間の問題ではなく、全ての人間それぞれにとっての「どのようによりよく生きていこうとするか」という問題なのだ。それを他者の問題として切り離して考えていてよりよく生きていけるはずもないし、またそれを真剣に考えたことのない人間（よりよい生き方を示すことのできない人間）に他者を救えるはずもない。

被曝は生命を脅かすからこそ避けるべきものであり、我々の生命は皆被曝に脅かされているからこそどんな疾病や障碍を負っても（負っていなくても）生きやすい社会を一致団結して求めなければならない。我々が皆ひとしく放射能の「被害者」となり、被害を１００％「避ける」ことは誰にもできないのであれば、結果としての被害の有無にかかわらず「社会」の方を「生命」「生活」に合致したものにしていく以外にない。その意味で、昨今さも「被曝」対策であるかのようにもてはやされつつある「出生前診断」は障碍を負った胎児の生命を脅かし、障碍者（すなわち、全ての私たち）が生きやすい社会を考えていく機会を我々から奪う。生命を攻撃し、同時に放射能被害が「選択」可能であると装うという意味で、「出生前診断」は反原発・反被曝とは相容れない、むしろ、放射能や核技術の同類である。そして、それは自然科学的に解決できない問題を協力・協働によって少しでも改善しようとする社会的営みそのものをも抹消するという意味で、社会的存在としての人類の敵だ。「結果」として生じた／生じるかもしれない「障碍」を「忌まわしきもの」とみなす視座は、反原発の動因になるどころか、障碍・疾病、そしてその一要因たる被曝の問題を「他者」化して個々人の放射能・原子力に対する危機意識を弱め、反原発運動を弱体化させる。

❖今後充分に同時進行しうる「脱原発」と「入核」

また「原発輸出」と「被曝労働」、特に「収束労働」ももはや「他者」化できない。そもそもの放射能拡散及びその「後始末」と、それと並行して行われる「核」輸出がもたらす「被曝」の受容あるいは「否認」の拡大は、現実に我々に起こっている生物的危機だし、「収束労働」を巡る生命の軽視は3・11ショック・ドクトリンによる我々自身の倫理的危機（すなわち「友愛」と「連帯」の危機）でもある。被曝量に「格差」が出る可能性は否定できないが、放射能は人を皆「被害者」にする。経済大国／第三世界、中間層／貧困層、加害者／被害者というカテゴリー化のもとの反省と懺悔が有効な抵抗を生むだろうか。なにより自分を「被害者」から切り分ける態度こそ「差別」ではないのか。

真の連帯とは、加害者と被害者の単なる連携、あるいは前者から後者への一方的救援や同情、憐れみ、施しではない。それは、まず「被害者」と同じ運命、同じ道をたどる可能性を自分のなかに見出すことから始まる、と敢えて言い切っておく。なぜなら、他者でなく自分の問題であればこそ不当な現実に対する強い抵抗が生まれるからであり、人々を孤立・対立に追い込むその現実に抵抗するものであればこそ「連帯」は価値あるものと言えるからだ。

「核の危機」は、第三世界や収束労働者だけを襲っているのではない。それは全世界で拡大、進化している事態だ。「脱原発」が進んだから、国内の「核の危機」は減ったのか？　冗談ではない。横須賀港は原子力空母を受け入れたままだし、なにより各地での放射性瓦礫処理受入は次々計画されている。今後、国際的な核廃棄物処理列島と化す可能性も充分にある。本稿執筆時はちょうど２０１２年衆院総選挙前であるが、かりに保守政権が成立したとしても、それが国内の抵抗感を減らすために暫時的「脱原発」を掲げることもあるかもしれない。そして、その間に原発利権派は着々と国外の「得意先」を探し、また政権は外交的緊張を煽って世論に軍事的「核」戦力必要論を訴え、次々と世界中から核廃棄物の処理を請け負うといった事態も。そうした可能性は、問題を「原発」「核兵器」「廃棄物処理」などの分離された政治課題としてしか見ず、事の根本たる核物質とそれによる被曝の恐ろしさに充分な注意を払わないことが根本要因となって現実化するだろう。今の事態を「日本では脱原発が進んでいる」「日本は危険な原発を外国に押し付けようとしている」「核ゴミ処理で放射能汚染が拡散する地域もある」などと個別の政治課題として扱う前に、（放射能の物理的な性質を踏まえればそもそも当然のことなのだが）トータルで国内外を問わず世界中で「核の危機」が進行し拡散している事態と見なければならない。原発からの「脱」の進行を喜んでいる隙に、その「輸出」や放射性廃棄物の「輸入」や核兵器の「導入」が同時進行していた、「「脱」したはずが気付いてみたら他のあらゆる形で「入」っていた」というような間抜けな事態にいたらないためにも。

だから、全世界あらゆる場所における「核」の拒否が運動として必要なのであり、そのための基礎となるのが「被曝」を徹底して恐れることだ。なぜなら、「被曝」とは社会的存在としての我々の基礎たる我々自身の生命活動、その体内で「核の危機」が進行しているという事態だからである。逆に簡単に言えば、そもそもの「核」とそれによる「被曝」の恐ろしさに注意を払わなければ、その「核」が拡散されることに注意散漫になるのは当然のことだ。

❖「抵抗」と「連帯」の質／量的拡大へ——「小異」の尊重なくして「大同」もまたなし

体内というミクロ単位の領域における「核の危機」を直視し続ける中で、「抵抗」そのものの概念が再構築される可能性もある。というより、我々が「核」や「被曝」の危険と闘うためにはそうした作業が否応なく必要になるだろう。たとえば「抵抗」が、社会的主体による行為という狭い範囲ではなく、頭脳や意識によっても統御されない生命の自律的活動として位置づけられるかもしれない。そこでは、脳被曝者、ぶらぶら病患者、「奇形児」、「先天性異常」により産声を上げることさえなかった者の中にも「被曝」という生命破壊攻撃への抵抗やその痕跡が見出される。

民主党政権が大飯原発再稼働を強行した２０１２年７月前後、ある反原発集会で「原発再稼動はキチガイじみている」という発言があった。しかし、再稼動や放射性廃棄物処理は、「（被曝）経済的合理性」にその根本があり、「キチガイ」などと名指され差別されてきた人々や行為はそこから排除されてきた。上記のような発言にはそもそも批判を的確に行いうる知性も感じないが、ここではそれを糾弾したいのではない。そもそも批判的知性は有効な手段であるに過ぎず決して至上目的ではない。

おそらく、「ゼロベクレル派[10]」は「キチガイ」や「奇形児」と呼ばれた存在にも自分と同じ運命を見出すことになるだろうし、また社会的にも同じような扱いを受けるだろう。「原発推進派」にも、多くの「脱原発派」にさえも忌み嫌われるだろう。神経過敏を煩い強迫観念にとらわれたような、気持ちの悪い存在、徹底的に「批判することが自己目的化した異端派」として。だが、神経が過敏になったり、強迫観念で精神が分裂した時、原因ではなくその患者・病者を非難するのは、それこそ「核」による「被曝」の影響で障碍や奇形を背負った者を差別するのとまるで同じだ。

ここではまた、ポリティカル・コレクト（ＰＣ）的な意味において差別糾弾するのが目的でもない。むしろ、差別への抵抗、「反差別」を通してより広い仲間たちと「友愛」を結ぶことが真の目的だ。万人を襲う「被曝」は、それぞれの生命において千差万別の影響と抵抗を生む。筆者は、大阪市長・橋下徹が行う他の抑圧的施策を度外視してその「脱原発」（その後石原慎太郎との合流の過程でほとんど破棄されたが）を信じ込んでおきながら、且つその信じた橋下が「部落差別」攻撃を受けた時にその差別性の問題を「小さいこと」として捨て置いた者とは複数出会った。「小異」が見えていない者に真の「大同」も見極められないということは、この時代、これからの時代にとって象徴的な出来事である。なぜなら、被曝の普遍化した時代には、我々（それぞれの生命）は皆放射線の影響をそれぞれ他者とは異なる形で背負うことになり、この「違い」こそが普遍化する世界、成員が相互に「ミュータント」化する社会を迎えるのだから。

❖生きて屍を拾え――ゼロベクレル＝ゼロヒーローの時代

反ネオリベ的ゼロベクレル派は、反差別をＰＣ的な「防衛策」ではなく、人々が運命を共有することの自覚に基づいた積極的な「連帯」・「友愛」の運動にできる可能性を持ち、またそうする責務を担っているが、ＰＣやそれに限らずこれまでの運動が築いてきた参照点や規範をも尊重していく必要がある。

周囲の者は、被曝の影響から様々なレベル・仕方で朽ちていくだろう。被曝を軽視した者たちは当然そうなっていくだろうし、ゼロベクレル派でも被曝を完全に防ぐことはできないので誰が倒れるかは分からない。感傷的な意味でなく「生き残って屍を拾う」ような作業が必要だ。被曝を軽視し、忘れ、「否認」するような人々が扱っていたような課題であっても、それらの人々が死滅したとて消えるわけではないのだから。参照点や規範といった「遺産」は（依存すべきものとしてではなく）必ずや、ゼロベクレル派が生命活動から遡って思考すべき点や再構築すべき概念を示してくれるだろう。

どこかの誰か、あるいは、頼れる人、ヒーローが生き残ってくれるのを期待するのは間違いである。自分自身が生き残り、且つよりよく生きる最大限の努力をすること、これ以外に確かなものはない。そして、周囲が「被曝」を否認する絶望の光景に笑い、ごく親しい者の屍から武器を見出す希望に泣く。これを繰り返すのだろう。己が朽ちる時まで。

そして新たな唯物論が立ち上っていくに違いない。唯物論は、観念論によって「否認」されていた社会の支配構造を暴露した。だからその正当な後継者は、問題の「認知」と「直視」によってこそ見定められる。『資本蓄積論』『世界システムと女性』『家事労働に賃金を』『アンチ・オイディプス』『千のプラトー』。その先に来たるべきものを読むまでは少なくとも死にたくない。

●自己保存の努力は徳の第一かつ唯一の基礎である。なぜならこの原理よりさきには他のいかなる原理も考えられることができず、またこの原理なしにはいかなる徳も考えられないからである。

●人間身体は死骸に変化する場合に限って死んだのだと認めなければならぬいかなる理由も存しない。

●憐憫は理性の導きに従って生活する人においてはそれ自体では悪でありかつ無用である。

●無知の人々の間に生活する自由の人はできるだけ彼らの親切を避けようとつとめる。

●人間精神は身体とともに完全に破壊されえずに、その中の永遠なるあるものが残存する。

●我々は個物をより多く認識するに従ってそれだけ多く神を認識する（あるいはそれだけ多くの理解を神について有する）[11]。

１　『土井敏邦ＷＥＢコラム』（http://www.doi-toshikuni.net/j/column/20121121.html）11月21日水曜日の記事を参照のこと。

２　幾島幸子・村上由見子訳『ショック・ドクトリン――惨事便乗型資本主義の正体を暴く』岩波書店、上・下、２０１１年。

３　２０１２年11月17日、フリーター全般労働組合主催の集会「福島第一原発で作業員は何を考えたか?」における収束下請作業員の発言などから。

４　駒崎弘樹（http://komazaki.seesaa.net/article/266075592.html）や、大野更紗（http://twilog.org/tweets.cgi?id=wsary&word=%E6%B9%AF%E6%B5%85%E8%AA%A0%E3%81%AE%E3%80%81%E8%BE%9E%E8%A1%A8&param=asc）など。

５　神奈川県労働組合共闘会議の２００９年６月18日学習会（http://www.ne.jp/asahi/hige/oyaji/topic/090618.html）などでの同氏の発言より。

６　注３の集会における作業員の発言より。

７　ガブリエル・メランベルジェ＋メランベルジェ眞紀訳『愛するということ――「自分」を、そして「われわれ」を』新評論、２００７年などを参照。

８　２０１１年11月23日に行われた「脱原発をめざす女たちの会」集会における発言より。

９　２０１２年11月９日、東京外国語大学で開催された「「恐怖」の正体に分け入る――『世界は恐怖する』（１９５７）上映とトーク」という企画での発言。なお、ＤＰＩとはDisabled Peoples' International の略で、「障害者インターナショナル」と訳される。「ＤＰＩ女性障害者ネットワーク」の活動についてはそのサイト（http://dpiwomen.blogspot.jp/）などを参照。

10　矢部史郎（聞き手＝池上善彦）『放射能を食えというならそんな社会はいらない、ゼロベクレル派宣言』新評論、２０１２年。

11　スピノザ『エチカ――倫理学』畠中尚志訳、岩波文庫、１９５１年より抜粋。それぞれ第４部定理22、定理39備考、定理50、定理70、第５部定理23、定理24より。

主婦は防衛する

暮らし・子ども・自然

村上　潔

❖はじめに

女が主婦になる。主婦は家族の暮らしを守る。主婦は母として子どもを守る。そうした状況は、世の中のメジャーといえるかどうかは別として、近代以降存在してきた。と同時にそれは、この社会では、特に進歩的とされる人たちから、ときに批判に晒されてきた。

男性社会の外にいるようでいて、男性社会を支えてしまっている。女性原理と母性原理を強化してしまっている。女＝母というイメージを固定化させてしまう。そうした危惧が表明されてきた。

危惧は危惧としてあってよいだろうし、もっともな部分もあるだろう。しかし、女が、主婦が、何を、何のために、どうして、守っているのか。それはそう簡単に規定して断罪できる話ではない。

守る、といっても、庇護することと防衛することは意味が異なる。そして、「生活防衛」なる言葉や「保護者」という言葉は、様々な問題を孕んだ表現であるにもかかわらず、便宜上、何の疑問も持たれずに使われていたりする。

しかしともあれ、「生活」を「防衛」するのも、子どもや老親を「保護」するのも、女、特に主婦に割り当てられた責務である。主婦は、あらゆる局面で「防衛」を義務づけられた存在である、ということは少なくともいえる。防衛機能を果たさない主婦は、社会から失格の烙印を押されるし、果たせない主婦は往々にして自責の念に苛まれる。

そのようななか、この「被曝社会」を主婦たちはどう生き、周辺の存在を守り、そして自らの存在価値を守っていけばよいのか。そこから思考をスタートさせてみたい。

❖1　主婦は命と暮らしを防衛する

主婦は、自分の命と健康だけでなく、「家庭」の「暮らし」を防衛しなければならない。それはもちろん、上手に家計をやりくりするなどといった次元の話ではない。家族全員に安全なものを食べさせ、健康を維持し、精神的な不安も取り除かねばならない。そのためには食品を選び、食品を買う店を選び、身体を守るための道具（マスクなど）も選ぶ。正しく選ぶために情報を集める。情報が正しいかどうかを判断するために学習をする。正しい情報がないとわかったら、然るべき機関に要求する。機関が要求に応じない場合は圧力をかけるため行動する。情報が手に入ったら共有する手段を検討する。インターネットを駆使し、印刷物を刷る。メディアに投稿する。反応が来れば返事を書いて情報を交換する。励ましあう。しんどいと漏らす主婦トモがいれば慰める。夫や子どもが危険な飲食や行動をしないよう監視し、指導する。説得する。それでも嫌がる夫や子どもをなだめる。

これらのことすべてをしなければならない。いうまでもなく、たいへん過重な働きである。しかしこれを過剰な働きだと声高に訴えることは主婦に許されていない。したがって、まるで特別なことは何もしていないかのように、すべてを遂行する必要がある。

女性たちは日々の営みを続けようと、いつものように買いものをしたり、掃除したり、料理したり、植物に水をやったりしている。それでもなお、生命を維持し、守ろうとしている。ところが、チェルノブイリ以後もこうして普通の生活を営むということは、戦争中と同じように、女の仕事がふえるということなのだ。経済界、政界、学界の原子力推進のロビー団体が今もって、原子力エネルギーは不可欠なものであると論じている間に、女性たちは、比較的汚染が少ないものをテーブルに出すためにはあと、なにを料理したらよいのかと頭を悩ましているのだ。（ミース 1986=1989: 134）

チェルノブイリ事故後に主婦が置かれた状況はこのように示される。つまり、主婦が「ふだんに」行なっている家事労働／再生産労働に上乗せされるかたちで、被曝社会を生きるための取り組みが加わったのだ。そして、その取り組みをなすためのメソッドは、誰からも授けられていないという状況だ。そのうえで、主婦には現実の「現場責任」が重くのしかかってくる。

多くの女性たちは、放射能汚染の結果について、これが非常に危険なことであると理解するくらいの情報は知らされていた。しかし、日常生活を、とくに最初の段階において、どの程度変えたらよいのか、その判断の基準を知らされてはいなかった。それなのに女性たちは、まだこどもをおもてに出しておいていいかしら、まだ買ってもいいのは何かしら、と日々決定を下さなければならなかった。男性の専門家は情報を与え、危険を避けるためにはどうすればよいのかを教えたが、こうした忠告を実践にうつす具体的な方法については、とくにこどもたちにどのように対応したらよいのかについては、何も知らなかった。この点に関して母親たちは、なんの助けも得られなかった。（アルノルト＋バウマン 1986=1989: 43）

主婦は、頭を悩ませながらも、なにがしかの対処をなさねばならない。主婦がなすべきであるとされている、適切な処置を、自力でなさねばならない。情報を行動に移管するのは、すべて主婦の力量にかかってくるのである。責任は自分でとらねばならない。自分に対する責任だけなく、子ども・家族に対するすべての責任を、主婦一人が負わなければならない。主婦は、社会的にはそれが当然と思われていることで認知すらされていない困難に、いや、通常以上の困難極まりない現実に直面する。

では、このなかで、主婦はどう「責任を負う」ことを認知していけばよいのか。その筋道をクラウディア・フォン・ヴェールホフはこう展開する。

男たちは私たち女を馬鹿だと、それも大馬鹿だと思っている。本当にそのとおりだ。どうして私たちはわれとわが命への責任を彼らに委ねてしまい、それを懸命に取り戻そうとせぬほど馬鹿でいられたのだろう。だれも他人には委ねられぬような責任を、彼らに譲り渡してしまい、今になって彼らがそれをどうするのか不審に思うほど馬鹿でいられたのだろうか。私以外のだれにも私の命の責任を負わせることはできないし、だから結局、黙認してきたのはこの私である。装置が依然として存続し、普及していることの責任は、私以外のだれにもない。装置が現にまだあるのだから。私たちはもうこのへんで、一人前の母親であり大人であるくせに自分自身の技術のことを幼児のように他人任せにせず、自分で責任をとるべきではないのだろうか。（ヴェールホフ 1986=1989: 24）

つまり、自らの命と、自らの命——そして子ども・家族の命——を守るための技術を男性社会に譲り渡してしまった落とし前を、女は自分でつけなければならない、というのである。私の命に対する私の責任を取り戻す。子どもの命に対する母の技術を取り戻す。そういうことである。

技術は一朝一夕に取り戻せるものではないが、相手の技術に乗らないという、責任に裏打ちされた意識はまっ先にもつことができる。健康被害の危機という非常事態に、まず必要とされる主婦の／母の技量はここに集約される。技術を取り戻し、蓄積するまでの間の、もっともセーフティーな安全策としての処置は、この意識と姿勢を基軸としてとられなければならない。

シンシア・ハミルトンは、１９８０年代後半のロサンゼルスで起こった、ゴミ焼却施設の建設反対運動の事例から、以下のような指摘をしている。

反対闘争に参加している女性の批判的な視点は、彼女たちが考えていたよりはるかに大きな広がりをもっている。女たちにとって、政治問題は個人的な問題であり、したがって、その意味では、フェミニストの問題であった。これらの女たちは、結局、男性によって合理的であると言われることよりも、自分たちが「正しい」と感じたことのためにたたかっているのである。（ハミルトン 1990=1994: 354）

相手（男性社会）の「合理的」見解よりも、自らの「正しい」という判断を優先する。そうした意識と姿勢を、女たちははっきりと示した。これが、このような事態での、もっとも「正しい」

対処である。なぜなら、そうすることで、彼女たちは自らの「責任」を果たしているからだ。

ハミルトンは、この反対闘争に参加した一人の女性の、重要な発言を拾っている。

シャーロッテ・バロックによれば、「わたしが環境問題とたたかうようになったのは知識人としてではなくて、むしろ子どものことを心配している母親としてだった……世間の人は『だけど、あなたは科学者じゃないのに、どうして安全ではないとわかるのか』と言うわ。わたしには常識がある。ダイオキシンや水銀が焼却炉から発生すれば、誰かが影響を受けることくらいわかるわ」。(ハミルトン 1990=1994: 346)

そう、もし彼女が「母親として」ではなく、環境問題の専門家としてこの事態に向き合っていたとしたら、男性の「合理的」な見解を受け入れていたかもしれない。それを信じず、躊躇せずに自らの判断に従ったのは、たんなる一人の母親として、この事態に向き合ったからだったといえる。ここには、自分で、自分と子どもに対する責任をもつ態度がはっきりと表れている。そして、命を防衛する技術を、自分の判断から自分で会得し活用していこうとする姿勢が示されている。それを授けようという態度を通して責任ごと奪いとろうとする力を断固拒否しているのである。

る。

女たちはいまでは、とても率直に道徳的関心を口にするようになっている。彼女たちは、専門家がわたしたちになにも選択の道を残してくれてないので、わたしたちは危機に直面して、中立的立場を受け入れたり黙って従ったりするのではなく、自分の道徳的信念に従うしかない、と強調している。（ハミルトン 1990=1994: 355）

ハミルトンはその様態を「道徳的」と言い表している。一人の母としての自分の常識、そして道徳的信念。それが、取り戻すべき責任と技術の礎なのである。そこでは、合理性や中立性は、（女から責任と技術を掠め取る）収奪の危機をもたらす危険な立場性として認識される。合理的な、中立的な説得を押しつけてくるのは、男性社会であり、その象徴的存在としての科学者・専門家である。ヴェールホフは、最終的には主婦たち自身が、自らの女・母としての意識・姿勢のもとにそこに対抗していく必要性を説く。

私たちがまさにいま、とくべつ優秀な主婦、つまり栄養問題、食品化学、食品の放射能汚染、病人の介護、心理療法、原子物理学、エネルギー供給、児童心理学、癌研究、そして人をたのしませるすべを心得、無償で実地にたずさわるエキスパートであることを迫られている以上、私たちはこの知識技能を、もういい加減に自分とこどものために使ってはどうだろうか。チェルノブイリ以来、私たちはこれらの能力を他のだれか、つまりあいかわらず人間は装置を「愛せる」と考えている連中への対抗手段としても用いなければならなくなったからだ。（ヴェールホフ 1986=1989: 31）

そう、これまでだって、主婦は、エキスパートであることを暗に求められてきたのだ。それで当然だと思われてきたのだ。しかしそのエキスパート性を、自らのため、子どものために活かすことは十分にできていなかった。だから責任と技術を掠め取られてきた。それを取り戻して、掠め取っていた力に対抗する必要があるのだ。確認しておこう。主婦は、健康被害を防ぐための知識や技術がないことによって、混乱して騒いでいるのではない。主婦は、主婦であるからこそ、手持ちの信念と判断力を信じ、それに肉づけするかたちで知識と技術を自らのものとしていっているのである。その際に不可避的に、従来の「合理的」・「中立的」な専門家の意見と対峙しているだけなのである。そして、彼女たちを支えているのは、自らに取り戻した責任である。

さて、ここで一つのありうる疑問を提出してみよう。

主婦が健康被害の防御にすばらしい力を発揮して、役割をすべて全うしたとしたら、それはどんな意味をもつのか、である。家族の被害は最小限に防げるかもしれない。暮らしを防衛できるかもしれない。しかし、そうであればあるほど、人々に被曝を強いる社会のシステムそのものは延命してしまうのではないか。被曝社会のサバイブに成功してしまうことが、被曝を強いた社会そのものの問題を矮小化してしまうのではないか。主婦の献身的な働きはその役に立ってしまうのではないか。被曝社会を生み出した側は、そうした主婦の働きを利用しているのではないか。往々にして、そうした問いが出されるだろう。

しかし、これまで見てきてわかるように、答えは、そうはならない。主婦たちの活動は、たしかに表面的にはただ自分の家庭の暮らしを守るだけのものだが、その根底には、既存の社会の合理的専門知によっては防衛はできないという信念があり、それに即した対応としての防衛であり、かつ防衛に使われる技術は、自らの信念を現実に反映させるためにえられたものだからである。ヴェールホフは「対抗手段」と述べたが、当の主婦たちがどれだけ強く意識しているかにかかわらず、その行動は、現実的に既存の価値体系への「対抗」になっている[1]。

❖ 2　母は子どもを防衛する

ヴェールホフは、チェルノブイリ事故後の運動に「私は、いま他ならぬ母親たちが母親として行動的になったことを偶然ではないと思っているし、これこそ取るべき方向を示す重要な目安であったと強調したい」（ヴェールホフ 1986=1989: 8）と述べている。母親が、母親として、行動的になったこと。そのことから、どんな意義が見出せるだろうか。ここでは、前章で考えたこととは別の側面を探ってみたい。

これまで、お上のすることには盾つかず、ひたすら、いい母親たろう、自分のやりたいことをガマンして、せっせと子どもの面倒をみてきた女性たちが、チェルノブイリの原発事故によって、大きな衝撃をうけた。「どんなに自然食で子どもの健康を気遣っても、勉強させていい大学に入学させたって、一基の原発事故で、子どもの存在が脅かされてしまうのだ」と。そして、伊方の出力調整運転をやめさせ、日本の原発を止めねば、という想いに駆られて、抗議行動にかけつけた。それが、初めて反原発運動に加わった「フツウ」の主婦たちの共通した気持ちだったのではないか、と思う。（深江 1991: 80）

深江誠子は、日本におけるチェルノブイリ事故後の脱原発運動の状況を振り返って、このように述べている。まず、運動に参加した母親たちは、必ずしも、もともと既存の社会体制に疑問をもっていたり反抗していたりしたわけではなく、むしろたんに「いい母親」として、これまでの秩序のうえでがんばってきた存在だということだ。そうであるからこそ、根こそぎ奪われる感覚を強烈に感じたということだろう。では、何を奪われるのが怖いのか、許せないのか。それはもちろん、子どもということになる。こんなにがんばって育てたのに、という意識である。

そこで、一般的にはまず、これは母性によるものだ、と見なされる。しかし、ではこの母性とはどういう志向性と対象と状況を指すのか。よくわからない。もちろん、この小論で母性論全体を掘り下げて検討することはできないので、ポイントを絞って考えてみたい。

母は、一生懸命に育てた子どもの存在をどう位置づけているのか。よく母性を病理として批判的に指摘する見解に見られるのが、「母は子どもを自分の所有物だと思っている」というものである。では、ここで深江が書いた状況をよく考えてみよう。一見、この母親たちは子どもをそのように見なしているかのようにとれる。しかし、彼女たちは、決定的な体験をするのである。つまり、どんなに自分が完璧なケアを子どもに施したとしても、被曝の被害でそれがパアになるかもしれないのだ、という厳然たる事態にぶち当たる。それまではともかく、ここで、母は否応なく子どもを所有することの不可能性を知る。どんなにがんばって大切に育てたところで、母は子どもを所有することはできないと。では、それを知った彼女たちはすべてを諦めたのか。違う。彼女たちはそれでも行動に出た。つまりその行動は、子どもを意のままにすることを前提としない意識に拠っている。

母は、所有しえない子どものために行動をする。所有できないにもかかわらず、そして所有しようとするわけでもなく、「子どものために」行動する。ただ防衛するために。

ここで、一つの概念を引きずり出すことを許していただこう。１９６０年代、炭坑に生きる女たち・男たち・子どもたちとの生身の関係のなかから、森崎和江は、女たちの状況を「非所有の所有」と称した。

女たちの認識する「私」は、その内実を女たちの生活状況にみあったものとして形成している。それは疎外の共通認識の共有である。そこにある原理の内面的小単位化が「私」なのだ。女たちは、自己を極小共同体として認識するのだ。その共同体は何ものかを統括し生産し所有しているのである。それは他の原理による蹂躙をゆるさない。（森崎［1963］1970: 116）

女たちの疎外は、私有意識を所有した者らの連合によるところの、共有意識の疎外である。それは私有を所有しない。非所有を所有する。（森崎［1963］1970: 117）

私たちは非所有の所有という状況をそれに内在する生産性でもって評価しなければならない。女たちのその領域に於ける意識されない生産性は、いま膨大に流出しつづけている。（森崎［1963］1970: 118）

まさに主婦は、母は、私有意識の世界から疎外され、非所有を所有する。そして、それゆえに、内在する生産性を発露させせんとする。内在する生産性。それこそが、女たちの、自らの自律性によって意識化され誘導され共同的にコントロールさせたかたちで発現するべきものである。しかし、現実的にはそれが意識されることは稀で、それゆえ、私有を所有する者たちに吸いとられたり、無自覚にあさっての方角に流出させてきたりした。それを見据えるときは、いつでも、そして突然に、やってくるのだ。チェルノブイリ事故後の母親たちの反応というのは、ここから延引して考えられないだろうか。

少し捕捉しやすい次元に戻ろう。１９７０年代、東京の国立市で多くの母親たちと接する仕事をしていた伊藤雅子は、「母性」というものを以下のように捉えていた。

麻薬のような〈母性信仰〉の病毒は、私たちの息の根にまで及んできているのを感じる。私たちは、いまのこのありさまをよくよくみとどけた上で、もう一度、私たちのひとりひとり、母のひとりひとり、子どものひとりひとりが人間であること、育児も人間と人間とのかかわりのひとつであること、母性が生きた人間性であることをしっかりみつめるところから出なおすほかはないと思う。なかでも、まず蘇生させたいのは、母性についての私たちのとらえ方だ。ひとりひとりの産んだ女の中だけにとどまる矮小な母性ではなく、ひとりひとりの母を超えた社会全体の母性、産んだものも産まないものも、女にも男にもそなわる母性を復活させたいと思う。（伊藤［1977］2001: 185）

実に共有しやすい、まっとうな認識である。しかしそれだけにずいぶんと穏当な表現に見える。母性は個々の母だけにあるものではない、そして女だけにあるものでもない、生きた人間性としての、普遍的な母性を追求するべきである、と。しかし、母の、主婦の、女の非所有的生産性とは、おそらく、いや間違いなく、こうした良心的市民社会的な理解にはとどまらない。より膨大な、茫洋とした、禍々しさも孕んだものであるはずである。それを母性と呼ぶとするのなら、その向き合う相手は、子どもだけでなく、大地・海・自然ということになる。そして、大地・海・自然は、女の客体ではなく、まさに女そのものと重なり合い、関係性は目に見えなくなる。この一見幻惑的な混乱こそが、主婦-女-母-母性-自然を包括する秩序なのである。この論点は次節で改めて整理する[2]。

次に、女性運動と母親／母性の関係について考えておきたい。ここで再び、チェルノブイリ事故後の状況分析を確認しよう。

> 女性運動と母親の間にある深い溝は、自立的で非党派的な女性運動の起こりといくらか関係がある。この運動に集まった女性たちは、主にマルクス主義的左翼の中から出てきた。［…］したがって、女性の運動においても、原則的問題、戦略をめぐる論争のほうが実際に生きているさまざまな女性のことよりも重要視されてきた。父権制的見地から、一段低い動物的存在とみなされて、家庭に押しこめられた母親はフェミニストたちにとっても目のなかの棘であった。［…］政治的に活動する母親となった八〇年代の女性たちは、いずれ古い「反

動的な」母性に帰っていくに違いないと想定され、母親でもある女性の存在を分析すること など、必ずしも必要ではないと考えられた。（シュトプチェク 1986=1989: 197-198）

まさしくチェルノブイリこそは、私にとって母親と非 - 母親、「保守的な主婦」と「現代的な働く女性」というかつての女たちの「核分裂」を、あらためて見据えるよいきっかけになったのである。私たちはこの上さらに、いわゆる「現代的」「女性解放」「男女同権」、そして進歩という路線を、今度のチェルノブイリの一件にもかかわらず、なお推し進めていこうというのだろうか？（ヴェールホフ 1986=1989: 8）

右の二つの指摘は、女性運動やフェミニストといった主体が、主婦／母という存在を、結果的には男性社会的な基準・目線から、保守的・反動的・後進的存在として位置づけていることを問題としている。男性社会への対抗という課題に取り組む女性運動やフェミニストにとっては、主婦／母とは、同じ女ではあるが自分たちの「進歩」の足を引っ張る危険要素としてある。問題は単純に考えられる。重層的な疎外状況にはなく、私有を所有できる立場にあり、そしてさらに私有を所有することを目指す女の運動・志向は存在する。それは当然、非所有を所有することを前提とした女たちとは断絶した立場である。前者には後者の疎外状況の深さが、非所有の生産性というものが、その広がりが、感知・理解できない。所有の権力、権力の所有。それを目的・目標とするのか、しないのか。差はそこだけといえばそこだけだが、非所有を所有する状況の深みを考えれば、それは絶望的な断絶である。

❖3　主婦は自然（＝おんな性）を防衛する

最後に明らかにしておきたいのは次のことだ。

暮らしを守ること、子どもを守ること。それは結局、主婦が、母が、女が、何を防衛したことになるのか。

主婦がこなすべきありとあらゆる仕事は、最終的には人間の労働力、生きた人間をつくりだすことを目標としている。モノの生産ではなく「人間の生産」なのだ〔…〕。主婦は人間の生産を「専門」とし、賃金労働者はモノの生産を「専門」とする。組織された労働の「モデル」としての家事労働は、たとえ（自由な）賃労働が消滅するとしても一緒に消え去ってしまわない「秘密」がここにあり、両者の決定的な質的相違点でもある。女性は文字通りの意味で大地であり、賃金労働者はその上に立っているのだ。賃金労働者は人間とされ、女性は「自然」とされている。（ヴェールホフ 1991=2004: 21）

かように、主婦の働きというのは、「人間の生産」という、人間ではなく自然が司る営為なのであり、それゆえ主婦の存在は「生産行為をする人間」としての位置づけではなく、「自然」にあたるのである。つまり、主婦がやっていることとは、「非所有の社会的再生産」（森崎 1963 [1970]: 131）なのである。主婦は、この「人間」として疎外された状況を生きざるをえないのだ。そして同時にこれが、主婦がもつ最大の肯定的な力なのである。

主婦たる女は自然を客体化しない。自らが自然という立場にあるからである。ヴェールホフにさらに従えば、この立場性は、以下のような戦陣を構築する。

［チェルノブイリ事故を受けた女たちの怒りは］生命に対する男性の干渉――そういうことをしでかすのは、歴史的に見ていつも男だった――に向けられているという点で、女性の怒りでもある。［…］さらにまたその怒りは、悪人を退散させせたり悔い改めさせるほど強力であるという点で、「母権的な」怒りでもある。［…］またそれは、不幸なめにあった生命が、私に託され

た、よるべのない、庇護を必要とする生命であり、この上なくすばらしく、貴重で大切なもので、すべての社会の根幹であるとともに、大自然の究極の意思表示であるという点で、

母性の怒りでもある。（ヴェールホフ 1986=1989: 21）

主婦 - 女 - 母 - 母性 - 自然。これらは一体となってそして重層的に、波動のように、生命を侵害する力への怒りを放出する。主婦は暮らしを防衛し、子どもを防衛（だけでなく庇護も）するが、自らも、つねに制圧される危険性のある自然なのである。したがって、主婦は、自ら＝自然をも防衛している。

女は所有から身を引き剥がしたとき、自然としての性が発露する。それは、（ウーマン）リブ的な言葉を使えば、「おんな性」と言い換えてもいいかもしれない。そして、「おんな性」をさらに、既視感のある用語に置き換えるなら、やはり「女性原理」という言葉になるだろうか。

ヴァンダナ・シヴァは、現代の「開発」を「男による自然と女の支配を導入し強調する負の発展である」と位置づけ、「自然と女性は、見知らぬ男たちの野放図で手に負えない欲望のために利用され、搾取される受身の対象物になっている。自然と女性は、生命に敵対的で断片化した負の開発のモデルのなかで、生命の創造者、維持者であることから単なる「資源」にされている」（シ

ヴァ 1988=1994: 21）と規定したうえで、以下のように規定する。

女性原理が回復することで負の開発のこうした家父長制の基礎を超越し、変化させていくことができるであろう。また生命の破壊ではなく、生命の生産に結びつくように、成長と生産性を定義しなおすことも可能になってくる。したがって、女性原理の回復は、エコロジカルであると同時にフェミニズムの政治的企てであって、それは生命と多様性の向上を通して富を創造していく知の在り方を正当とし、その一方で資本蓄積の基礎としての死の文化の知識と実行の正当性を否定する企てである。（シヴァ 1988=1994: 28）

命を守る責任と技術を取り戻すとは、こういうことである。非所有の生産性を自律的にコントロールするとは、こういうことである。主婦の防衛活動の先の先にあるのは、この地平である。

❖おわりに

主婦は、母は、被曝社会のなかで、権力闘争をしているわけではない。すでに誰かによって設定された「共生社会」を目指しているわけでもない。主婦の防衛の行き着く先は、非所有の生産性を自律的に共有する共同性の胚胎である。それは即「女性運動」なるものに変換される保障はない。おそらくそうはならないだろう。しかしだからといって、それを反動的であるとか、本質主義的なメンタリティであるとかいう理由で片づけて、攻撃の対象とすることは、決定的に誤りである。

「主婦の運動、母の運動では限界がある。女性の運動となるように普遍化しなければ」というのは、チェルノブイリの際だけでなく、ことあるごとに繰り返されてきた「教訓」だ。たしかに、これは、反論の余地がない正論である。だが、だからこそ、少し立ち止まって考えたほうがよい。女性の運動として運動を構築するのなら、その前提として、主婦／母の性質と条件についてしっかりと捉え返す必要があるということだ。女性＝自然という図式をいきなり提示されたら、あまりに単純で原理的だという拒否反応が出るだろうが、いま必要なのは、主婦＝自然という図式の意味を確かめたうえで、「母性」の意味を吟味したうえで、ならば女は……とつながる思考のプロセスなのである。さらにいうならば、「女性」が「主婦」や「母」を包括する上位概念であると無条件に捉えられていること自体にも問題があるのだ。

運動する主婦や母たちを進歩的な女性（ならびに運動の場の男性）が啓蒙する、というパターンはもう繰り返す必要はないし、必然性もない。主婦の防衛こそ最前線にある戦闘なのだ。後衛は後衛として戦列に加わればよい。ただし、「おんな性」をカタカナ言葉に言い換えたり、非所有の生産性を私有に転化させようとしないこと。そうした動きがあれば、徹底的に闘うこと[3]。

1　以上に加えて、主婦という立場と、既存の男性社会における「政治」なるものとの間の関係性についても考えておく必要がある。ロビン・ルブランは、１９９０年代の日本における両者の乖離状況を以下のように捉えている。

　主婦は、自分の市民としての行動が妨げられていることをわかっている。なぜなら、意味のある政治的営みを享受しつつ、しかも、主婦を主婦たらしめている家庭と家族を優先する姿勢をそのままに維持することは、おそらく不可能だと信じているからだ。私が出会った主婦たちは、政治の世界と自分が切り離されていることを語る際に、しばしば、何を参加への物理的な障壁と見ているかを指摘した。政治が「行われている」場所は家から遠いか、あるいは、託児所が用意されていなかった。遅くとも家族の夕食を準備できる時間には毎日家に戻らねばならない人にとって、政治はあまりに時間がかかりすぎる。政治の世界が求めるものは、主婦の世界が求めるものとは対照的であり、それらの要求に応えるためには、主婦としての責任を置き去りにしなければならない。市民になるには、家庭を捨てなければならないのだ。「家庭と家族」という私的関心へのつながりを表す倫理を大事にする限りにおいて、主婦は政治に適さない。（ルブラン 1999=2012: 93-94）

つまり、主婦は、何か政治的な行動を起こす際にも、既存の「政治」の枠組みのなかに入り込んで動くということが最初からできないのである。そして、主婦自身も、それをはじめから十分にわかっている。したがって、暮らしを防衛するのに余念がない主婦に向かって、「そんな小さな単位の働きでは意味がない。政治を動かすために有効に活動をしなければ」と説いたところで、それはかなりの意味で筋違いであり、意味をなさない。

　主婦は、いわば主婦なりの仕方で、被曝状況を生み出した社会に対峙している。そのスタイルは、暮らしの一部を犠牲にして闘うよりも、むしろ、暮らしの防衛を戦闘的に行なうことによって戦線を構築する、というものとして捉えられるだろう。

そのスタイルの潜在的・本質的な価値こそ重視するべきである。

2 なお、篠原雅武（2012）も、李静和の見解を参照しつつ、以下のような「母性」の積極的な再定義を行なっている。

抑圧をはねかえすのではなくそれを解きほぐしていく力は、革命や独裁といった言葉よりも、〈母性〉という言葉のほうがふさわしい。それを現実の母に本質的に備わるものとみるのではなく、働きとしてみること。〈母性〉としかいいようのないそうした力の起こりうる場を、局所的ではあっても、とにかくつくろうとすることが、大切である。そのためには、そうした働きがなおも可能であるのだと信じなくてはならない。（篠原 2012: 217）

3 本稿とあわせて、村上潔（2010）・（2013）を参照していただければ幸いである。

【文献】

ハイデマリー・アルノルト＋ヘルガ・バウマン 1986=1989／佐伯倫子訳「チェルノブイリが子育てを奪った」（マリーナ・ガムバロフほか／グルッペＧＡＵ訳『チェルノブイリは女たちを変えた』社会思想社 41-50. Gambaroff, Marina et al., 1986, *Tschernobyl hat unser Leben verändert: Vom Ausstieg der Frauen*, Rowohlt Taschenbuch Verlag GmbH, Reinbek bei Hamburg）

深江誠子 1991「脱原発運動と母親」（近藤和子・鈴木裕子編『おんな・核・エコロジー』オリジン出版センター 64-86）

シンシア・ハミルトン 1990=1994「女性・家庭・地域社会」（アイリーン・ダイアモンド＋グロリア・フェマン・オレンスタイン編／奥田暁子・近藤和子訳『世界を織りなおす――エコフェミニズムの開花』學藝書林 345-356. Diamond, Irene and Gloria Feman Orenstein eds., 1990, *Reweaving the World: The Emergence of Ecofeminism*, San Francisco: Sierra Club Books）

伊藤雅子 1977「現代の母性を考える」（『家庭科教育』１９７７年７月号、再録: 2001『新版 子どもからの自立』岩波書店 174-185）

ロビン・ルブラン 1999=2012／尾内隆之訳『バイシクル・シティズン――「政治」を拒否する日本の主婦』勁草書房（LeBlanc, Robin M., 1999, *Bicycle Citizens: The Political World of the Japanese Housewife*, University of California Press）

マリア・ミース 1986=1989／寺崎あき子訳「自然を女たちの敵にしたのはだれか」（マリーナ・ガムバロフほか／グルッペＧＡＵ訳『チェルノブイリは女たちを変えた』社会思想社 132-148）

森崎和江 1963『非所有の所有――性と階級覚え書』現代思潮社（新装版: 1970）

村上潔 2010「「主婦性」は切り捨てられない――女性の労働と生活の桎梏にあえて向き合う」（立命館大学生存学研究センター編『生存学 Vol.2』生活書院 83-95）

村上潔 2013「女の領地戦――始原の資源を取り戻す」（立命館大学生存学研究センター編『生存学 Vol.6』生活書院）

篠原雅武 2012『全‐生活論――転形期の公共空間』以文社

ヴァンダナ・シヴァ 1988=1994／熊崎実訳『生きる歓び――イデオロギーとしての近代科学批判』築地書館 Shiva, Vandana, 1988, *Staying Alive: Women, Ecology, and Survival in india*, Kali for Women)

アネグレート・シュトプチェク 1986=1989／野村明代訳「男文明から降りる――１９８２年生まれの息子ドリアンのために」（マリーナ・ガムバロフほか／グルッペＧＡＵ訳『チェルノブイリは女たちを変えた』社会思想社 178-200）

クラウディア・フォン・ヴェールホフ 1986=1989／香川檀訳「こどもを進歩のいけにえにはさせない」（マリーナ・ガムバロフほか／グルッペＧＡＵ訳『チェルノブイリは女たちを変えた』社会思想社 6-32）

クラウディア・フォン・ヴェールホフ 1991=2004／伊藤明子訳『女性と経済――主婦化・農民化する世界』日本経済評論社 Werlhof, Claudia von, 1991, *Was Haben die Hübner mit dem Dollar zu tun?: Frauen und Ökonomie*, München: Verlag Frauenoffensive)

仏教アナキズムの詩学

一遍上人の踊り念仏論

栗原　康

❖おどること野馬のごとし、さはがしきこと山猿にことならず

あるいは馬衣をきて、衣の裳をつけず、念仏するときは頭をふり、肩をゆすり、おどること野馬のごとし。さはがしきこと山猿にことならず。男女の根をかくすことなく、食物をつかみくひ、不当をこのむさありさま、しかしながら畜生道の業因とみる[1]。

これは一三世紀末に書かれた『天狗草紙』の一節である。当時、全国で大流行していた踊り念仏。男女がぼろ衣をはおるだけで、下半身もかくさずにとびはねておどり、身体をゆさぶりながら念仏をとなえている。そのおどり狂っている様子は野馬のようであり、さわがしい様子は山猿のようであった。『天狗草紙』は、鎌倉時代の仏教諸宗派を非難するために書かれた絵巻物であるから、とうぜん踊り念仏にたいしてもネガティブな描き方がなされている。しかし、その描写はなまなましくリアルである。じっさい荒々しくとびはね、はげしいおどりに酔いしれながら、念仏を絶叫していた民衆たちは、ここで描かれているとおりだったのだろう。踊り念仏は盆踊りの起源とされているが、当初のスタイルはとりわけ阿波踊りや河内音頭のようにはげしいものであり、それをさらに粗野で雑然とさせたものだったのではないかと考えられている[2]。

踊り念仏がはじまったのは、一〇世紀半ば、平安時代のことであった。その始祖といわれる空也上人は、京都の市に身をおき、首につるした鉦をたたきながら念仏をとなえていた。だが、このころはまだ僧一人が念仏をうたっていただけのことであり、おおくの民衆をまきこむようになったのは、一三世紀半ば、鎌倉時代のことであった。空也上人を先駆者としてあおぐ一遍上人が、僧尼二〇名ほどをひきつれて全国を流浪し、そのつど踊り念仏をもよおした。それがやがて全国の民衆を熱狂させる一大ムーブメントになったのである。しかし、『天狗草紙』のみならず、他宗派からの踊り念仏にたいする非難の声はつよかった。裸同然でばかさわぎをすることが信仰のはずがない、それは恥ずべき不埒なおこないであるといわれたのである。ようするに、踊り念仏は同時代の人たちから非倫理的、反道徳的な行為であるとみなされたのだ。

いまここで、あえて踊り念仏をとりあげてみたいと思ったのは、それが三・一一以降の思想を考えるうえでひじょうに示唆に富んでいるからだ。こんにち、わたしたちが対決しなくてはならなくなっているのは社会そのものである。社会道徳や倫理、善悪の基準とぶつからざるをえなくなっている。というのも、放射能は物理的な問題であるばかりでなく、精神的な問題でもあるからだ。よくいわれることであるが、放射能は借金に似ている。借金はどんなに無理におしつけられても、いちどせおわされたら返せないことが悪だと思わされる。その負い目こそが道徳の起源である。返せるまでは、自分の将来を返済にやくだつものにしなくてはならない。借金は社会的負債である。放射能もおなじことだ。三・一一以降、わたしたちは無理やり放射能をせおわされ、その返済をせまられている。大人としての責任と倫理をもって、自分の将来を復興にやくだてなくてはならないと。たとえば、大人であれば経済の安定のために放射能でパニックをおこすなとか、これまで原発をとめられなかった責任をとって福島のものを食べろとかいわれてきたし、原発を廃炉にするまではとにかくひとをあつめなくてはいけないから、デモでさわいだり、解放感をもとめたりしてはいけないとか思わされてきた。これも社会的負債である。

しかし、ほんとうのところ、わたしたちの身心は社会的負債から離脱しはじめている。もはやとおい将来を設定して、自分の時間をつかうということはありえない。被曝したその瞬間から、「将来」があるかどうかなんてわからなくなっているのだから。どうせすぐに死んでしまうのであれば、なにをやってもすべてむだだ。昨日が今日でも、今日が明日でも、明日が昨日でもまるでかわらない日々。しかし無為をくりかえす日々のなかで、わたしたちはあえてこういうことができるのではないだろうか。「明日をかえるは今日ぞ、いまこのときぞ」[3]。明日はこないかもしれない。ならば、いまこのときを無限にむけてひらくこと。それはいまを生きたことに誇りをもつことであり、いま生きていることによろこびを感じることでもあるが、いまを生きようとする必死さのことであり、いま生きていなくてもおかしくないと不安におもうことでもある。そのような死との緊張関係のなかで、わたしたちは信心深くならずにいることなどできるだろうか。かつて踊り念仏に酔いしれていた民衆たちは、反道徳的、非倫理的とのそしりをうけながらも、ほんきで成仏することを願っていた。おのおのが死について真剣に考えていたのである。じかに死とむきあってみるか、それともふたたび社会的負債にしがみつくか。明日をください。一遍上人はこういった。「捨ててこそ」。

❖反負債としての遊行

一遍は、一二三九年、愛媛県松山市の道後温泉でうまれた。幼名は松寿丸。祖父は瀬戸内海の水軍をとりしきっていた河野通信《こうのみちのぶ》であり、壇ノ浦の戦いのさいに源義経に軍船を提供し、平家をうちやぶったことでしられている。通信を味方につけるために、源頼朝が北条政子の妹を嫁がせたほどの武将である。だが、勇名をとどろかせた祖父も、一二二一年の承久の乱では後鳥羽上皇側につき、北条氏をたおそうとして敗北、東北に流罪にされてしまった。これをきっかけに河野一族は衰退し、父の通広《みちひろ》は愛媛でわずかな所領をもつだけとなった。一遍は通広の二男としてうまれ、一〇歳のとき、母の死をきっかけに出家して随縁と名のった。一三歳になると、九州大宰府の聖達《しょうたつ》上人をたずね、その門下にはいっている。ここで名前も智真とあらためることになった。聖達は浄土宗西山派をひらいた証空の弟子であり、その師は浄土宗をひらいた法然であった。一遍は法然の孫弟子から仏教をまなんだのであり、しかも当時、大宰府は中国文化の窓口であったから、ぞんぶんにあたらしい思想をまなぶことができたのである。

一遍は、二五歳のとき、父の死をきっかけに帰郷し、還俗している。どうやら病床にあった兄にかわって家督をつぐことをもとめられたらしい。河野通尚を名のり、ふたりの妻をもち、ふたりの娘にめぐまれた。だが、一遍はここで血みどろの跡目あらそいにまきこまれる。兄の息子を後継ぎにしようとしていた一派か、別の親類かはわからないが、『一遍上人絵詞伝』によれば、一遍は四人の武士にとりかこまれ、切り殺されそうになったようである。このとき一遍は相手の刀をうばいとり、返り討ちにしてしまった。『絵詞伝』には、刀をかついで逃げる一遍と、倒れている武士の姿が描かれている。しかし還俗したとはいえ、いちどは出家した身である。所領ほしさのいざこざにまきこまれ、殺人までしてしまったことにショックをおぼえたにちがいない。

また、一遍は愛欲のしがらみにもまみれていた。『北条九代記』によれば、一遍のふたりの妻はとても仲がよく、愛憎のようなものはまったくみられなかったという。だが、ふたりが碁盤をひっくりかえし、それを枕にして昼寝をしていたときのことである。当初、ふたりをみていた一遍は、ほほえましいと思っていたのだが、みるみるうちにふたりの髪がヘビにかわり、たがいを喰いちぎろうとしはじめた。驚愕した一遍は、太刀をぬき、からみあう髪を切り裂いたという。ちょっとおかしな話であるが、それくらい一遍が思いなやんでいたということだろう。もとより一遍がまなんだ仏教でも、ひとをおもう心や、親が子をおもうこころは否定していない。むしろ無償の愛は思想の核である。しかし、ともすると、ひとをおもうこころは相手を自分だけのものにしたいという所有欲にかわってしまう。無償の愛をだれにでもひらくこと。あたまではわかっていても、愛するひとと生活すればするほど、実践することができなくなってしまう。九州で一二年かけて身につけた思想のためであろうか、息苦しい。

この時期、一遍を苦しませていたのは武家社会そのものであった。武士にとって、所領をわがものにしたいと思うのはあたりまえである。広大な土地をもち、農民から年貢をまきあげて一族郎党をやしなっていく。そして家を盤石にするために、たくさんの妻をもち、たくさんの子どもをつくっていく。そうすることが武家社会にとって有用なことであり、よいことであると考えられていた。だが、一遍にとって、それは親戚と殺しあい、妻の髪をヘビにかえてしまうことを意味していた。どうしたらいいか。一遍は再出家の道をえらんだ。三三歳のとき、善光寺詣でをして出家の決意をかため、三五歳のとき、愛媛県にある菅生《すごう》の岩屋で山岳修行のようなことをした。そして三六歳のとき、かんぜんに家を捨て、遊行の旅にでた。一遍と名のるのは、このころからである。以後、五一歳で亡くなるまで、およそ一六年間、念仏をひろめながら全国を流浪することになる。『一遍聖絵』をみると、当初、遊行には超一、超二、念仏房の三人の尼がつれそっていた。妻のひとりとその娘、およびその世話役が出家してついてきたのである。一遍が望んでいたかどうかは別として、このことが一遍の遊行におおきな影響をおよぼすことになる。

❖極楽コミュニズム

まず、一遍がおもむいたのは熊野であった。熊野詣でがてら熊野古道にとどまり、参拝におとずれた人びとにたいして、「南無阿弥陀仏」と書かれた念仏札をくばった。たいていのひとがうけとったようであるが、ある僧がうけとりを拒否したという。一遍が「なぜうけとらないのです。仏を信じるならおうけとりください」とつっかかると、僧は「いまは信じるこころがおこりません。うけとればウソをついたことになります」と述べたという。これにたいして、一遍は「信じていなくてもかまいません。おうけとりください」といって、なかば強引にうけとらせた。なにをいっているのだろう。おそらくいっしょに札をくばっていた超一や超二、念仏房は、首をかしげたにちがいない。師である一遍が、仏なんて信じなくてもいいといいはじめたのだから。一遍によれば、そう述べたのはあくまで熊野権現のお告げによるものだという。

融通念仏すすむる聖、いかに念仏をばあしくすすめらるるぞ。御房のすすめによりて一切衆生はじめて往生すべきにあらず。阿弥陀仏の十劫正覚に、一切衆生の往生は南無阿弥陀仏と必定するところ也。信不信をえらばず、浄不浄をきらはず、その札をくばるべし[4]。

ある夜、一遍が熊野本宮付近で野宿をしていると、まくらもとに熊野権現がたっていて、このように述べたのだという。僧のおしえにしたがって念仏をとなえても、ひとはそれで救われるわけではない。そもそも阿弥陀仏が悟りをひらいた時点で、ひとはすでに救われているのだと。仏を信じていようといまいと、ひとははじめから救われている。これは仏教的にきわめてラジカルな思想であった。もともと一遍にかぎらず、法然の念仏思想は仏教界に革新をもたらすものであった[5]。従来、仏教といえば、比叡山延暦寺を中心とする寺院のものであり、知識や信仰をつかさどる権威そのものであった。何年もかけて修業をつみ、ただしい方法を身につけなければ、ひとを救う道は語れない。これでは民衆が直接、仏教にふれることなど不可能であり、一方的に僧のいうことを聞くだけである。これにたいして、法然はただ南無阿弥陀仏ととなえれば、だれでも仏に救ってもらえると述べた。これを易行というのだが、ようするに信仰をあらわす方法を簡易化し、仏教をだれにでもひらかれたものにしたのであった。

ここで、南無とは帰依するという意味であり、阿弥陀仏とは無尽蔵の慈悲をしめす存在、いわば無償の愛の象徴であった。浄土三部経のひとつである『無量寿経』によれば、阿弥陀仏は悟りをひらくまえ、法蔵菩薩という名前であった。菩薩とは仏になるために修行にはげむ者のことであり、悟りをひらくと仏とよばれるようになるのだが、法蔵菩薩は仏になる直前に四八の願をかけたといわれている。なかでも重要なのが一八番目の願であり、もしあらゆる人びとが自分の名をよび、帰依しますといっているのに、その人たちを救うことができないのであれば、自分は仏になどならなくてもいいというものであった。ここから法然は、南無阿弥陀仏ととなえれば、だれでも救われると述べたのであるが、法然やその弟子たちは、いぜんとして阿弥陀仏への帰依のしかたに基準をもうけようとしていた。念仏は一〇回となえなくてはならないとか、一回でよいとか、あるいは回数の問題ではなく、真剣にとなえなくてはならないとか。そこだけは寺院の権威をたもとうとしたのである。

だが、一遍になると、この最後の権威さえも否定してしまう。そもそも、法蔵が阿弥陀仏とよばれるようになった時点で、願はかなっている。だから、だれがどこでどんなかたちで信仰をあらわそうと関係はない。ひとははじめから救われている。ちなみに、救われるというのは成仏することであるが、それは物理的に死ぬということではなく、阿弥陀のような仏になるということである。自分を捨ててでも、他人のためになにかをしたいと思うこと、無償の愛をそそぐこと。よく考えてみると、それはごくあたりまえのことであり、常日頃、だれもがやっていることでもあった。親子のあいだでも、友人づきあいでも、仕事でも、実のところ自分のためになると思って行動していることはあまりない。むしろ、助けあって生活をなりたたせていることのほうがおおい。慈悲は日常にみちあふれている。いまここにある極楽コミュニズム。南無阿弥陀仏ととなえるのは、それに気づくということであり、自分は阿弥陀仏と一体化しているのだと宣言することである。ここまでくると、主客が転倒しはじめる。念仏が念仏をとなえる。のちに、一遍はこううたった。

となふれば仏もわれもなかりけり、なむあみだぶつなむあみだぶつ[6]

この思想を手にしたあとの一遍はすごい。とにかく、たくさんの念仏札をくばり、ひとはすでに救われているということを気づかせようとした。九州から東北にいたるまで全国をまわり、一六年間かけてくばった札の数は、二五〇万枚。当時の人口は五〇〇万人から六〇〇万人ほどであったから、およそ二人に一人は札をくばったことになる[7]。これで念仏がひろまらないわけがない。また、これだけおおくの札をくばれたのは、一遍が法然以上に仏教の門戸をひらいたからだといえる。一遍は信不信を問わないから、とくに宗派など問題にならないし、熊野詣でをしていることからもわかるように、仏教徒でなくてもかまわない。しかも、だれもが救われるわけだから、現にある差別構造もとりはらおうとした。当時、ハンセン病やホームレス、そして刑吏や葬送、皮革、雑芸能などを生業とする人びとはあきらかに差別をうけていたが、一遍は「浄不浄をきらはず」と述べて、あまねく札をくばった。『一遍聖絵』には、ホームレスや被差別民の姿がたびたび描かれている。また、大分県別府の鉄輪《かんなわ》温泉をおとずれたときには蒸湯をひらき、ハンセン病の治療にあたったといわれている。道後温泉でうまれ、温泉の効能にくわしかった一遍ならではの行動であるが、それが遊行を成功させる一因になったのだろう。温泉は極楽である。

❖共鳴の踊り念仏

熊野をあとにすると、一遍は故郷の愛媛県にもどり、それから一年以上かけて九州をまわった。このころから信者がふえはじめ、二代目の教祖となる他阿真教も同行している。一二七八年の夏、一遍はふたたび故郷にもどっているが、秋になると安芸の厳島神社に参拝にいき、冬になると岡山県をおとずれている。この岡山県で、一遍はあやうく命をおとしかけている。ある武士の留守中に家にあがりこみ、その妻を出家させてしまったらしい。怒りくるった武士は、一遍をおいかけ、にぎわう市のなかで太刀をぬいた。だが、一遍は冷静に武士をさとし、逆に自分に帰依させてしまった。ここから、すごい僧がきているとのうわさがひろまり、たちまち二八〇名が一遍に帰依することになった。以後、遊行にはたえず二〇名ほどが同行している。

しかし、信者がふえるにつれて、一遍はふたつのなやみをかかえることになった。ひとつは、布教の形式である。一遍のおしえでは、ひとはみな日常のなかで慈悲を実践している。南無阿弥陀仏ととなえるのは、それに気づくということであり、信仰のかたちはなんであれかまわないはずであった。だが、信者にかこまれていると、けっきょく自分が一方的にしゃべり、それを信者がうのみにするという形式がととのってしまう。あたかもただしい念仏の形式が存在し、それを実践しているのが自分であるかのように。これでは本末転倒である。もっと自由に信仰を表現してもらう方法はないものだろうか。自分が命じるのではなく、周囲の表現を駆りたてる方法はないものだろうか。遊行のなかで、一遍はそんなことを考えていた。

もうひとつは、衣食住の問題である。一遍のモットーは、自分のことは自分でやらないであった。衣食住をもとめるのは自力我執であり、三悪の根源というべきものである。衣服に固執すると畜生になり、食べ物に固執すると餓鬼になり、住まいに固執すると地獄におちる。餓死してもいいということではない。深遠な慈悲のなかに身をゆだねる。それは他人の慈悲を信じるということであり、施しという贈り物で生きるということである。遊行に賭けられていたのは、そうした他力の思想であった。しかし、一〇人、二〇人と同行者がふえるにつれて、施しだけではやっていけなくなる。飢えと寒さのために倒れるものもすくなくない。やはり衣食住をなんとかしたほうがいいのではないか。道場をかまえ、念仏の有用性でも吹聴すれば、それも可能だろう。だが、そうしたら念仏も遊行も意味がなくなってしまう。切っても、切ってもぬくぬくとわきあがってくるこの自力のこころをどうしたらいいのか。なやんだすえに、一遍はこううたった。

身を捨つる捨つるこころを捨てつれば、おもいなき世に墨染めの袖[8]

自分の力を自分のためにつかうことをやめ、他人のために無償の愛をそそごうとする。ときとしてその無償性を誇示したくなることもあるが、そのこころさえも捨ててしまおう。それができたとき、自分のこころは墨染めの袖のように、真黒なかたまりとなって世界におどりでるだろう。黒はなにものにも染まらない無の象徴である。たえずゼロであること、なにものでもありうること。それは死ぬことをふくめて、身心ともにありえないような苦しみをあじわうことかもしれない。だが、そうしてはじめて社会的有用性にしばられない、自由な生きかたをすることができる。

自分が社会のやくにたっているかどうかなんて関係ない。まわりからどう評価されているかなんて関係ない。ぜんぶ自由だ。いまでいうところのアナキズムである。

一二七九年、一遍は京都をへて、長野県佐久郡の小田切の里にとどまった。武士の館に滞在していたらしい。ここで自然発生的に踊り念仏がはじまっている。ある日、一遍が念仏をとなえていると、庭にいた弟子たちが念仏にあわせておどりはじめた。おどる弟子たちにつられて、一遍も鉦をたたいてリズムをとった。『一遍聖絵』をみると、元妻であった超一がまんなかでおどっているため、おどりはじめたのは超一だったのではないかといわれている。男女がいりみだれ、肌をさらしながらとびはねている。これが『天狗草紙』や他宗派から反道徳的といわれたゆえんであるが、一遍からしてみればなんの問題もないことであった。むしろ子どものようにはしゃいでいる弟子たちをみて、これだと思ったことだろう。一遍はこううたった。

はねばはねよをどらばをどれ春駒の、法《のり》のみちをばしる人ぞしる
ともはねよかくてもをどれ心駒、弥陀《みだ》の御法《みのり》ときくぞうれしき。[9]

ここで春駒とは竹馬のことであり、法とは仏のおしえのことである。子どもが竹馬にのってピ

ョンピョンはねる。夢中になってわれをわすれる。楽しくて、楽しくてしかたがない。そのよろこびは共鳴をよび、ふと気がつけば、竹馬にのった子どもも、竹馬をもたない子どもも、輪をえがくように群れあつまって、ピョンピョンはねている。一遍によれば、それがいまここにある極楽を祝福し、よろこぶイメージであった。切っても、切ってもまとわりついてくる自力我執。だったら、それをふりはらえるまで身心をゆるがしてみよう。足をおもいきり地面にたたきつけ、頭をふり、肩をゆさぶりながら奇声をあげる。すべてをふりはらい、恍惚とした解放感にひたっていると、周囲の見物人たちもつられておどりはじめる。だれに命じられたわけでもなく、ただ共鳴によって群がり、踊躍歓喜すること。それが踊り念仏であった。

また、踊り念仏はしだいに円環をえがくようになっていった。一遍がまんなかにはいり、鉦をならしてリズムをとる。ときにはやく、ときにゆっくりと、なんどもなんどもグルグルまわる。それは一遍の時間論をそのまま表現したものであった。ふつう人生といえば、生から死へといたる直線だと考えられている。だが、一遍によれば、ひとはみな生まれながらに成仏している。ひとはいつだって死とともにあるのであり、どこからはじまったのかも、どこがおわりなのかもわからない。円環をえがいてグルグルまわる。いまこのとき、その一瞬一瞬はおわりでもあるかもしれないし、同時にすべてのはじまりでもある。南無阿弥陀仏。死の苦しみにうちふるえながら、自分は成仏しているとさけぶこと。それが墨染めの衣をはおり、真黒な渦になっておどるということであり、いまこのときを無限の可能性にひらくということであった。

一二八〇年、一遍は踊り念仏を披露しながら、東北をまわっている。途中、岩手県にある祖父の墳墓をおとずれている。その後、平泉をへて、茨城や東京まで遊行にきている。そして翌年、武士の都である鎌倉にはいろうとした。しかし、小袋坂の関所をとおろうとしたときである。一遍は番兵にとめられたが、無理におしいろうとし、こん棒でうちのめされた。この日は、ときの権力者である北条時宗が巡回にくるということもあって、一遍たちのような得体のしれない集団が関所をとおれないのはあたりまえであった。ほかの関所であればとおることができたかもしれないし、別の日をえらぶこともできた。だが、そうしなかったのは、あえてこの日この場所をえらんだということである。当時、権力をにぎり、社会道徳をつかさどっていたのは武士であり、鎌倉幕府であった。だったら、その幕府にケンカをふっかけてみよう。一遍なりの直接行動であった[10]。

このケンカをきっかけとして、一遍たちの知名度はいっきにあがった。鎌倉入りをこばまれたあと、一遍たちは片瀬にとどまり、浜辺で踊り念仏を披露しているが、それはもう大盛況であった。翌年、ふたたび中部、関西地方におもむいているが、このときは幕府に反旗をひるがえす悪党がつきしたがい、一遍たちを保護している。そして一二八四年、京都にはいった一遍は、かつて空也が住んでいた六波羅蜜寺をおとずれ、空也が布教にあたっていた東市の道場に滞在した。そこに板屋の舞台をもうけ、数日間、ぶっつづけで踊り念仏を決行している。『一遍聖絵』をみてもあきらかだが、このときの盛況ぶりはすさまじかった。東市は踊り念仏の見物人であふれかえり、背のたかい一遍がひとにかついでもらわなければ、念仏札をくばれないほどであった。一遍の遊行が成功をおさめた瞬間だといってもいいだろう。

❖黄金を抱いてとべ

京都で大成功をおさめたころから、一遍は体力的におとろえはじめていた。京都を目前にして超一を亡くし、気落ちしてしまったということもあったかもしれない。とにかく、死を意識したうたがおおくなっている。

をのづからあひあふときもわかれても、ひとりはをなじひとりなりけり[11]

『一遍聖絵』（聖戒詞書・円伊筆，1299年）巻七，京都市中で踊り念仏を決行。

このうたについては、一遍自身がつぎのように説明している。

万事にいろはず、一切を捨離して、孤独独一なるを、死するとはいふなり。生ぜしもひとりなり、死するも独りなり。されば人と共に住するも独りなり、そひはつべき人なき故なり[12]。

捨てはててわかったのは、なんのよるべもなく生きることは、とてつもなく不安だということであった。どんなにかたく決意していても、体調をくずし、死を目前にするとこころが折れそうになってしまう。だが、いちどタガがはずれてしまったら、これまで免疫がなかった分、とりかえしがつかないことになるかもしれない。あたらしい道徳をうちたて、必要以上に厳格な教団をつくるかもしれないし、既存の道徳にもとづき、必要以上に国や社会のいいなりになるかもしれない。捨てはてたそのさきに、ひとりであることにたえられるのか、それともふたたび社会道徳にすがるのか。一遍はいつもこのように自問していたにちがいない[13]。

さて、京都をあとにした一遍は、疲労のためか、しばらく兵庫にとどまり、それから安芸の厳島神社をおとずれた。ここでも踊り念仏を披露している。そして死を意識したためだろうか、いったん故郷の愛媛にもどり、そのあと四国をまわっている。淡路島にもわたったようだ。だが一二八九年、ついに力つきた一遍は、船にのって兵庫にわたり、観音堂という場所で死の床についた。一遍が亡くなるまで、弟子たちは庭で踊り念仏をつづけていたという。遺言は自分の屍を「野にすてて、けだものにほどこすべし」であった[14]。また死の直前には「一代聖教みなつきて南無阿弥陀仏になりはてぬ」と述べて、自分の書いたものをすべて燃やしてしまったという[15]。享年、五一歳。文字どおり、捨聖の一生であった。ちなみに、よいかわるいかは別として、二代目の教祖となった他阿真教は、時宗という教団をつくり、一遍の思想をこんにちまでのこしている。

❖　❖　❖

極楽には黄金がみちあふれている。比喩ではない。浄土教の経典をひもといてみると、仏は黄金好きであったことがわかる。しかし、それは所有欲からきたものではない。黄金は無償の贈与のあかしである。太陽がなんの見返りももとめずに無尽蔵の光をはなっているのとおなじように、黄金もひかり輝くのをやめたりはしない。仏が黄金を好むのは、その慈悲深さゆえであり、自分を捨ててでも他人を救ってやりたいと思っているからである。そう考えると、踊り念仏の反道徳性の意味がわかってくる。たしかに、踊り念仏は『天狗草紙』に非難されたように、けだもののようなふるまいをし、欲にまみれていたかもしれない。だが、それはなにかを所有しようとしていたのではなく、自分を捨てさろうとしていたのであり、自分が極楽にいるよろこびを夢中になって表現しようとしていたのである。そのよろこびはいくらあじわってもつきることがなく、窃盗さながらにどれだけとってもかまわないが、しかしけっして所有することはできない。おどるけだものたちは、みずからも黄金になって光をはなつ。

三・一一以降、わたしたちはこれまで社会的に有用とされてきたものを信じることができなくなっている。もはや将来のための直線的時間はありえなくなっているし、科学的専門性もうのみにすることはできない。そもそも放射能が安全だという専門家にたいして、なんの疑問ももたないひとなんていないだろう。しかし、リアクションはひとによってまちまちである。根拠なんてなくても、過剰なまでに放射能の安全性を信じこもうとするひともいれば、遠い将来があることを信じ、エコ社会のために自分の身心をやくだてようとするひともいる。たしかに、そうしなければ死を意識してしまうのだろう。だが、死から目をそらさずに、不安を不安としてうけとめることでみえてくることもある。無限にひらかれたいまこのとき。踊り念仏がおしえてくれるのは、たえざる不安こそがその入り口だということだ。あらゆる負債をうち捨てて、自分が極楽にいるかのようにふるまうこと。なんであれかまわない存在になること。大人としての責任とか、倫理だとか、そんなことはもう関係ない、自由だ。黄金を抱いてとべ。ひとはみな極楽の住人であり、いまここにある黄金の盗人である。

1 小松茂美編『続・日本絵巻大成一九巻』（中央公論社、一九八四年）五六‐五七頁。
2 三隅治雄『踊りの宇宙：日本の民族芸能』（吉川弘文館、二〇〇二年）を参照のこと。
3 二〇一二年NHK大河ドラマ『平清盛』（第四一回「賽の目の行方」）を参照のこと。
4 聖戒編『一遍聖絵』（岩波書店、二〇〇〇年）二五頁。
5 柳宗悦『南無阿弥陀仏』（岩波書店、一九八六年）を参照のこと。
6 大橋俊雄校注『一遍上人語録』（岩波書店、一九八五年）六六頁。
7 梅谷繁樹『捨聖・一遍上人』（講談社、一九九五年）を参照のこと。
8 前掲、『一遍聖絵』五〇頁。
9 同上、四五頁。
10 鎌倉入りについては、とりわけ、栗田勇『一遍上人：旅の思索者』（新潮社、二〇〇〇年）を参照のこと。
11 前掲、『一遍聖絵』八二頁。
12 前掲、『一遍上人語録』一一〇頁。
13 唐木順三『無常』（筑摩書房、一九九八年）を参照のこと。
14 前掲、『一遍聖絵』一四二頁。
15 前掲、『一遍上人語録』一三七頁。

なぜならコミュニズムあるがゆえに

アンナ・R家族同盟*

コミュニストが出発するのは、この生しかない、だがそれで十分だ、という知覚からである。

——介入のためのコレクティフ

わたしが反核デモでいつも目にしたのは——そのうちのラディカルな活動的少数派は例外だとしても——全人類とともに消え去ってしまいたいという自身の欲望をふりはらおうとする悔悛者どもの多数派だった。

——ラウル・ヴァネーゲム

大人の男どもは「わたし」という配役をこなす役者である。毎朝配布されるシナリオにはせりふやアクションや間合いがみっちりと書き込まれている。もちろんシナリオどおりに演じます、でもほんの少しだけシナリオに反抗してみせましょう。こうした葛藤が、プロダクションにも大人の男どもにも満足を与えていることは間違いない。一抹のかなしみが拭えないのはそのせいかもしれない。スクリーンに登場する職業俳優に心惹かれてしまうのは、彼らに俳優としての優れた点をみとめるからではない。「わたし」を演じるべきところで「わたし」を演じまいとしながらも、その葛藤自体が「わたし」の演技としてつつがなく成立してしまう、そうした彼らの苛立ちとかなしみがつくりだす裂け目から、地の風景を見てしまうからである。

大飯、玄海、伊方、柏崎刈羽……そして福島で興行をつづける原子力プロダクション。安定と不安定のあいだを揺れながらシナリオを演じる「わたし=ウラン・チップ」。「わたし」の自己肯定は、たえず社会に電力を送りつづけるという一点だった。ならばプロダクションの爆発、はたしてあれは「わたし」にとって何を意味したのだろうか？　なぜなら無数の「わたし」そのものである無数のウラン・チップがどろどろに溶解し、いまもなお核分裂をつづけているというのだから。あの日、大人の男どもはようやくシナリオとの葛藤のない風景を見た。茫然とし、取り乱しながら、開放感を味わったのだった。同じころ学者どもは、御用学者というシナリオを破り捨てたい、死んでしまいたいという衝動に駆られていただろうか？　たしかなのは、科学者だろうと文学者だろうと、原発推進派だろうと反原発推進派だろうと、それが「わたし」の役割とばかり、専門分野に素早く舞い戻り、戦略やら解決やら代替案やらにふたたび没頭しはじめたということである。結局、物事の流れに身をゆだねた。結局、みな、早かった。ほどよい懐疑と、ほどよい回帰と。右を向いても左を向いても「わたし」ばかり。取り残されたわたしたちに怪訝そうな顔つきがこう尋ねてくる――「絶望しているのですか？（きみはただのペシミストだね）」。

この圧倒的な「わたし」の回帰にたいして、わたしたちはこう考える。「わたし」の現前をすすんで手放し、そのトランスのなかであらたな現前を到来させる人類学的なドラマが上演されることなくして、わたしたちの勝利も敗北もありえないと。大人の男というどうでもいいモノとして投げ出され、よりどうでもいいモノとして現前をテイク・バックする跳躍なくして、原子力資本の統治と治安に加担する「わたし」のシナリオに終わりはないのだと。真実はシナリオではなく現実のうちに刻み込まれる。その現実への刻印が、「わたし」のシナリオを廃棄し、わたしたちのシナリオを開始させるのである。真実を担保してくれる大義もドグマも形而上学もありえないのだから、真実など不可能である、だから物事の流れに身をゆだねよう。ニヒリストはそう語る。だが、真実を可能とするのは、まさしく真実それ自体の決定的な欠如にほかならない。その欠如が、真実への賭けのみぶりをうながすのである。「わたし」のシナリオが道徳を叫び、正しさを主張し、面白さを要求する。わたしたちとしては、理論から演繹された実践や、実践から帰納された理論を無効にする裂け目のなかに唯物として何度でも投げ出されよう。真実の賭けのみぶりによって「わたし」のシナリオどもの腐朽を暴いてやろう。わたしたちの賭けはたんなる狂言に終わるかもしれない。わたしたちはもとの「わたし」へと解体されてしまうのかもしれない。だが、わたしたちのみぶりになにがしかの真実が宿るのならば、まだ見ぬ友の共鳴と、まだ見ぬ敵の不協和が聴こえてくるかもしれない。この共鳴と不協和のうちに見出されるかすかな勝機を、わたしたちは**コミュニズム**と呼ぼう。

❖　❖　❖

福島撮影所が爆発してはやくも二年が経とうとしている。御用学者どもに猶予を与えてしまっているこの間、「わたし」の演技はふたたびこなれたものになってきた。爆発直後のシナリオを失った焦り、それにともなうぎこちない挙動、同時にカラダを突き抜けていった「もう金輪際演技をしなくてもいいのかもしれない」という引退にも似た開放感。不器用であることそれ自体のうちに、わたしたちは前代未聞のよろこびを覚えはじめたのだった。だが、それを撮影所の脚本家は見逃さなかった。改訂稿として「放射能を正しく恐れながら生きるわたし」というあらたなシナリオが高圧線を通じて送られてきたのである。「もうひとつの世界はそれでも可能である」。清々しいフォントで印刷されたサブタイトルはそう告げていた。

そのとき、自分たちが女でも子供でも動物でもなく、大人の男どもであることをみとめざるをえなかった「わたし」は、同時にもうひとつのことを理解しなければならなかった。そう、「わたし」と「わたし」が助け合うことなどできやしないのだ、と。カネを出し合えば、被曝地帯から逃亡することも、地方に再就職することも、自給自足の共同農業も可能だろう。だが、シナリオやレトリックの錯綜体としての社会は、わたしたちがどこに行こうともわたしたちのふるまいを内側から規定していく。「汚染列島をサバイブするためなら…」と意気込んだところで、社会はそれを整合的なシナリオとして取りまとめ、日常のフローのほころびを修繕し、「わたし」を再領土化していく。大人の男どもに課される原子力都市のシナリオ化権力に終わりはない。撮影所を焼きはらうしかないだろう。さもなければ、延々とつづくラストショットの撮影に付き合わされる羽目になる。

アナザー・ワールドの肥大は自分さがしの蔓延の帰結であり、そのセラピー的な対症療法である。「あなた方はもうひとつの世界を求めている。それは可能だ。ところで、この世界こそあなた方のアナザー・ワールドにほかならない」。資本の世界はコミュニズムの世界の実現であり、マルチチュードの革命的力能の「表現」である。結局資本とは横領されたコモンであるだろう。だからコモンを取り戻し、しかるべく管理運営すればよい。コモンを生産しよう、コモンを礼讃しよう、コモンを物神化するほどまでに。こうした「革命的」趨勢において支配的なのは、それらが政治的行為を抹消するという点である。はたして政治的行為などというものは、たんなる暴力に過ぎないのだろうか？　これからはアノニマスが革命を代行してくれるだろうか？　革命の本体は暴力ではなくシナリオなのだろうか？　いずれにせよ、わたしたちはただ、革命的アナザー・ワールドの肥大と増殖から離脱しよう。

革命とは、あなた方をアナザー・ワールドのシナリオに駆り立てる支配的プロパガンダである。暴動とは、アナザー・ワールドのシナリオを粉砕するくだらないあなた方のくだらない政治的行為である。何をなすべきか？　暴動である。どのようになすべきか？　真実の賭けとともに「わたし」の現前を手放すことによって。そのみぶりのなかで、生の残酷が開示されるだろう。ほどほどにくだらないあなた方は、いっそうくだらないわたしたちと街頭ですれちがうだろう。世界に投げ出されたわたしたちの実存が、メトロポリスにはきだめの穴をうがつだろう。資本が分配する相対的なよろこびのフローを、コミュニストたちの破壊的みぶりが寸断し、アナザー・ワールドの蜃気楼を不毛な砂漠に変えてしまうだろう。放射能はわたしたちを短命にした。にもかかわらず、わたしたちにはこの生しかないし、それだけで十分である。だから、アナザー・ワールドの虚妄をフィルムのごとく焼きはらおう。これ以上あなた方のアナザー・ワールドが夜ごとにベントを開くことはないだろう。

現状の分析がもたらすのは、現状に出口があるかのような幻覚のみである。アナザー・ワールドに渇いた者たちにとって、八方ふさがりの現状のなかの無力感は格好の隠し味となる。こんなものはわたしでない、「わたし」たちはこんなものではない。解決しよう、越えていこう、出口をさがそう。職場から大学の研究室まで、官邸前から漫画喫茶の一室まで、解答への意志がみなぎっている。「正しく怖れよ」という指令語のルサンチマン、瑣末なことをめぐって執拗に相手を説き伏せようとする仄暗いパトス。正しい答えや面白い答えを逸した者にはさらなる無力がのしかかり、正解者やコメディアンには資本の世界の栄光が降りそそぐ。「いつも正しい者であれ。面白いことを語る者であれ。ただし、装置に傷ひとつつけないことをその条件として」。

こうしたいっさいは、それなりの盛況が見込まれる興業ではあるのだろう。それでもわたしたちは思わずにはいられない。「これはクイズ番組ではないのだ」と。答えなど、出口などないと。あきらかに、わたしたちはこんなものである。あきらかに、これがわたしたちの八方ふさがりの現状であり、ほかにはない。正しさなど、面白さなど、装置の総体としての帝国のうちにすでに存在する可能性のひとつでしかない。装置によってあらかじめ認可された解答者＝作者たちの分析は、わたしたちがどうでもいいモノとして現前することをさまたげる病みつきの覚醒剤にほかならない。装置は夢のなかで「わたし」を覚醒させる。夢のなかで「わたし」は爆発した原発につきまとわれる。覚めた夢のなかで「わたし」は原発のシナリオを演じつづける。

わたしたちはわたしたちである。あからさまな同語反復。だが、同語反復を無意味なものとして排除してきたのが原子力装置の形而上学である。ドグマを批判するシナリオどもが日々のフローに身をゆだね、装置の形而上学に捕獲されていく。自己を統治するように他者を統治する者が原子力の世界に統治されていく。そのようにして、真実がもたらされるかもしれない裂け目は塞がれていき、モノたちのあいだにありえた共謀の残酷はばらばらに打ち砕かれる。だが、わたしたちはわたしたちである。このアナザー・ワールドなき同語反復は正しい解ではない。これは、コミュニズムという無支配のアナーキーが胚胎されるかけがえのない大地である。

❖　❖　❖

子供はいつから「わたし」になったのか。子供はただの「もの」である。男の子みたいな女の子だとか、女の子みたいな男の子だとか、とにかくただの「もの」がうじゃうじゃしていた。きみはいつ「ウラン・チップ」になったのだろう。きみは幼稚園ではコアラ組だった。ところが小学生になったとたん、きみは一年一組の出席番号五番になってしまった。ポーチはおあずけ。かわりに不格好なランドセルを背負わされた。きみがはじめて赤面したのはいつのこと？　はじめて友達を裏切ったのはいつだった？　というか、こまかいはなしはどうでもいい？　とにかくきみは中学受験、高校受験、大学受験をへてバカ大学に入学し、それなりの傾向をもつ「わたし＝ウラン・チップ」になった。

さいわいバカ学生だったきみは「わたし＝ウラン・チップ」を名乗りながらも、ときおり「わたし」の脳裏をかすめる「本当のわたし＝ウランとは？」という疑問符にとらわれるようになった。ところが、きみは紙一重で就職にこぎつけ、めでたく「サラリーマン＝ウラン・チップ」へとたどりつけた。時間を持てなくなるのはつらいけど、預金通帳にはカネが自動的に振り込まれていくし、欲しかった物を自分のカネで買えるのは気持ちのいいことだ。衣食住が調うのだから、サラリーマンであることにもそれなりに納得がいくというものだ。無職の友人はあれこれ言うが、ほかにどうしろというのだろう。時間はスケジュールを組んで有効活用すればなんとかなる。職場でこうむる侮辱やハラスメントは耐えがたいけど、いずれ慣れてくるだろう。「死ねばいいのに」の口ぐせは酒で胃袋に流し込めばよい。結局は辞めたい、でも辞めたところで何になる？そう、いまやきみは立派な原子力になった。つまりたんなる社畜である。目くそ鼻くその社畜が「ホンモノ」を問うことは愚行だろう。それでもきみは「ホンモノ」を問う。

そして「わたし＝ウラン・チップ」は「本当のわたし＝ウラン」をさがす動かない旅に出る。「わたし」をとらえたのはウランになるという夢であり、「わたし」をつらぬいたのは「作品＝本当のわたし」への意志である。でも「本当のわたし」を求めるかぎりにおいて、「わたし」はもうひとつの「ウラン・チップ」をただただ生み出すばかりである。そこで、作品と作品の比較のまなざしをプロデュースしてみたりするけれども、内部被曝はやまない。作品とは「わたし」自身である、作品とは「わたし」の幼年期である、作品とは「わたし」の理想の子供である、云々。結局は「わたし」の分身のバリエーションが増殖していくだけであって、当初からお目当ての「本当のわたし＝ウラン」にはいつになってもたどりつけない。

そのことに気づくのは、十分にひきこもれた者のみである。当然そのころには「わたし」自身も「わたし」の幼年期も「わたし」の理想の子供ももはや見分けがつかなくなっている。ひきこもりの倦怠感とともに、ありふれた、ばれてもともとの、どうでもいい「わたし＝ウラン・チップ」のような「モノ」と出会うだけである。もともとどうでもよかった「わたし＝ウラン・チップ」の戯言にウンザリするだけである。「わたしは十分ひきこもった」。これは、十分に疲れることのできた者の感想でもあるのだろう。もう、や–めたっ！　これが潮時なのだ。

——それもできないというのなら、ロケセットの一隅にすえられた香盤から「わたし」の札をそっと取り外そう。マイ・ホームを捨てて「アワー・ハウス」へひとまず帰宅してみよう。「わたしたちは二度と故郷に戻れない」。これは、かつての「わたし」にとってはもうひとつの世界への痺れるような郷愁をかき立てるフレーズであっただろう。しかしいまとなっては、労働の演技、演技の労働とそっくりな除染作業に対するエールのようにも思えてくる。結局、故郷など「わたし」の演技を強いるだけのロケ地のひとつにすぎなかったのだし、マイ・ホームがだらだらと立ち並ぶはりぼてにすぎなかった。だから、わたしたちはきれいさっぱりマイ・ホームを捨てる。

アワー・ハウスには誰も帰ったことがないのかもしれない。あるいはすでに大勢のわたしたちが宴会を始めているのかもしれない。アワー・ハウスとは何か？　すくなくとも言えるのは、そこに帰宅すれば、わたしたちの誰ひとりとしてもうデビューなどしないし、誰ひとりとして「わたし」のプロ意識の泥沼にも嵌らないということである。とりわけ、そこでは「わたし」である方々を内部被曝させつづけてきたアナザー・ワールドというシナリオを燃やしながら酒が飲める。だから、くだらないわたしたちはそのまま帰宅を開始しよう。もう二度と電気をとおさない絶縁体として。アナザー・ワールドのシナリオと絶縁した者同士として。

❖ ❖ ❖

いきなり、ただのどうでもいい「モノ」として投げ出される。それは「子供」とはまったくちがう「モノ」である。ここに、大人の男という、ゴミみたいなどうでもいい「モノ」があらわれる。こいつは無理だ。いつまでたっても不可能な存在だ。はやく社畜になった方がマシだとさとす声がする。社畜になるといっても、もともと社畜だったのだから、なってみるのも何も、というほかはない。「この世界しかない」という哲学者たちの言明は、ひとは社畜でしかありえない、という意味なのかもしれない。だが、この世界の社畜になったどうでもいい「モノ」にも賭けはある。

コミュニズム。「本当のわたし」になろうとする「わたし」から「モノ」へという道程をへた者にとって、コミュニズムとはよき知らせである。逃げ道をなくした大人の男どもにとって、それはアナザー・ワールドのシナリオではなく、現実に生きられるパラドクスである。アナザー・ワールドの御破算をみとめたわたしたちがコミュニズムに賭ける、というのだから。社畜がコミュニストを名乗る、というのだから。離島に隠遁しよう、高知県で農業をしよう。口さがない意識はいまだにつぶやく。パリ・コミューンの残党のようにウルグアイでつつましく暮らそう。へべれけに酩酊した友人はなおもささやく。だが、コミュニズムとは「よりましな」逃げ場の追求ではありえない。それは八方ふさがりの状況の認識であり、そこから開始されるやけっぱちの友情である。資本が配分する相対的なよろこびを投げ捨て、絶対的なよろこびのゼロ・レベルへと仲間とともに移行することである。「コモンを資本から奪還せよ」？　ノー、奪還すべきコモンなどそもそも資本にすぎない。コミュニズムはだからコモンを管理する国家でも社会でもありえない。「いまここにあるコミュニズムを」？　イエス、ただしコモンのよろこびがどれほど巨大なものになりうるのかまだ誰も知らないということを、わたしたち同様あなた方もみとめるのならば。だが、コミュニストはコモンを拝跪する必要などない。わたしたちが真実のみぶりを賭けるとき、そのイニシアティブのうちに現出する友と敵の状況をいっそう先鋭化し拡大すること、それがわたしたちの考えるはじまりのコミュニズムであり、政治である。家族だろうと職場だろうと大学だろうと、その場に支配する満場一致の空気を切り裂き、資本とコミュニズムの生きた戦線を引くこと。この超越なき世界に、党もなければ革命主体のフィクションもない。だが、たとえ自陣においてすら分割線が引かれようとも、コミュニストたちは共鳴をやめないだろう。

わたしたちには短命なこの生しかないし、「モノ」の吹き溜まりのような、くだらない欲望をかかえたわたしたちしかない。コミュニストどもよ、それで十分なのだ。

＊

アンナ・Rという二十二歳になる若い女性が、抗議〔一九七七年スイス・ゲースゲンでおこなわれた大規模な反原発デモ。これをきっかけにスイスの原発計画は頓挫していく〕の群衆が立ち去ったあとも、その場に残っていた。最後の瞬間の体験が感動的であったため、彼女は一人静かに見聞きしたことをよく考えたいと思ったのである。整理の警官が、これを「奇妙な行動」と見とがめ、無防備なこの女性を足蹴にして待ちうけている格子付きの護送車に押し込み、身許の確認もすることなく（第一の法規違反）、もよりの警察署に連行した。そこで彼女は身体検査を強制され、裸にされた（第二の法規違反）。抗議のため彼女は指一本動かそうとせず、着物を着ようともしなかった。

――ロベルト・ユンク『原子力帝国』山口祐弘訳、社会思想社、一九八九年、二二一-三頁（〔　〕内は引用者補足）

家族ごっこの芝居をしてるうちに、たまんなく気持ちよくなってきて…もうサイコーだよ。だから正太郎だって、じぶんたちの子供とおんなじなんだよ、俺たちの子供なんだよ。そうだろう？　そう思わないか？

――前田陽一監督作品『喜劇 家族同盟』一九八三年

Chernobyl, 2008(Photograph by Suhrida)

核汚染のコミュニズム

白石嘉治

野蛮人よりも野蛮な、インクにまみれた学問よ、野合から生れた趣味よ、それは空の色彩も、植物の形も、動物の動きや匂いをも忘れ果てて、ペンを持つ手は痙攣し麻痺して、もはや万物照応の広大無辺な鍵盤の上を敏捷に走りまわることができなくなっているのだ！

――シャルル・ボードレール

❖コミュニズムの流行

崇高（sublime）が流行している――ジャン＝リュック・ナンシーがこう語ったのは八〇年代だった[1]。同じことは、今日、コミュニズム（共産主義）という概念についていえる。つまり、コミュニズムが流行している、と。

この流行の端的なあらわれが、二〇〇九年のロンドン大学での講演「コミュニズムの理念」だろう[2]。ナンシーもふくめて、アラン・バディウやスラヴォイ・ジジェクなどの錚々たるメンバーの講演に、一〇〇〇人以上の聴衆がつめかけた。そして翌二〇一〇年にはベルリン、さらに一一年にはニューヨークで、同様のコンフェランスが開催される。

こうした流行が属す直接の文脈は、二〇〇八年のリーマン・ショックであることはあきらかだろう。資本主義の危機のなかで、当然のことのようにコミュニズムという概念が呼び起こされる。そしてここから、同時期に各地で発生していた叛乱をコミュニズムの相のもとでとらえる可能性がみちびきだされるだろう――ヨーロッパでは学生や教員たちのストライキやデモが頻発し、ロンドンやギリシアでは暴動が発生する。アラブの「春」があり、北米の各地で「オキュパイ」がくりひろげられる。これらの叛乱は通常は「デモクラシー」の名で了解されている。しかしながら、それらをコミュニズムの流行と重ねあわせるならば、大学のコミュニズムや都市暴動のコミュニズム、あるいはアラブのコミュニズムや広場のコミュニズムとして解釈できるのではないか？

そしてフクシマ以後のわれわれ自身についても、同じ問いを問えるはずである。事故から一か月後の高円寺のデモは、予想をはるかにうわまわっていた。参加者数は一万五千とも二万ともいわれているが、正確なところは誰にもわからない。デモを先導するサウンドシステムは船の出帆のようにゆっくりと発進する。それはその後の反原発運動の深度とひろがりを予示していたといえるだろう。じっさい、よく知られている「官邸前抗議」では、すくなくとも二度（二〇一二年六月二九日、同年七月二九日）、街路にひとびとが規制をこえてあふれる[3]。この身体性の湧出は、合意や調整に収斂する「デモクラシー」では説明できない振る舞いだったといえるはずである。そこにはたらいていたのは、どのような想念だったのか？　それがねざすのは、どのような情動なのか？　高円寺にせよ官邸前にせよ、われわれはコミュニズムと呼ぶほかないものを経験していたのではないか？

とはいえ、コミュニズムは重いことばである。気軽に使うことができない。これは冒頭でふれた「崇高」についてもいえることだった。そこには一九世紀以降の美学の含意がつめこまれている。ナンシーの表現を借りるならば、崇高は「ある気がかり、要請、崇拝ないし悩みの種」[4]でありつづける。なぜなら、それは美的な表象の均衡を攪乱するものだから。だがそれゆえに、美的であることの抑圧が瀰漫した八〇年代において、たんに美的であることにとどまらない崇高が呼び起こされたのは必然でもあった。表象不可能な「いわく言いがたい」ものについての直観という、もともとのプリミティヴな定義にまで回帰することで、崇高という概念の再生がはかられたのである。

コミュニズムについても同様の刷新が必要だろう。マルクスによるもっともシンプルな定義はつぎのようなものである。

> 共産主義というのは、僕らにとって、創出されるべき一つの状態、それに則って現実が正されるべき一つの理想ではない。僕らが共産主義と呼ぶのは、現在の状態を止揚する現実的な運動だ。この運動の諸条件は今日現存する前提から生じる。[5]

ここから引き出すことができるのは、コミュニズムとは目指すべき「理想」的な「状態」ではないということである。それは「現在の状態」のくびきをとりはらう「運動」にすぎない、と。このような、ある意味で貧しいコミュニズムの定義があらわれる『ドイツ・イデオロギー』について、笠野頼子は「ジャーナリズム的煽り」[6]であると喝破した。じっさい、マルクスはこの時期に敵対する者たちへの辛辣な批判をくりひろげている。だがそれ自体「共産主義」的な身振りであるといえるだろう。しかも『ドイツ・イデオロギー』につづいて執筆された『共産党宣言』の出版は一八四八年二月である。それはパリやベルリンで暴動が発生していた時期とかさなりあう。

喜安朗や良知力の著作を想い起こそう[7]。革命にせよ蜂起にせよ、厳密には、理想の実現のための戦略的な行動ではなかった。そこにあらわれる要求も、日曜日の享楽にふけるための月曜日の休業といったものだった。そしてバリケードの先頭には、グリゼットと呼ばれていた女性たちがいた。屋根裏部屋に住んでいたこの「お針子さん」たちは、歴史上はじめて一人暮らしをはじめた女性労働者である。男子学生とつきあって、社会主義思想を吹き込まれていたということもあっただろう。だが、いったん蜂起が発生すると、いわば口舌の徒の学生とはちがって、彼女らは躊躇することはなかった。この情景のなかで彷徨していたのは、銃を手にした詩人ボードレールである。

マルクスの「共産主義」も、こうした叛乱の予感とともにある。それは展望を欠く抵抗にすぎないようにみえる。だが、支配が侵入するのは、自由のあるところである。だから抵抗がはじめにあったというべきだろう。ボードレールは暴動を擁護し、そこにあらわれる抵抗の無償性を「レアリスム」と名づけた[8]。それは官製のアカデミズムが描く「理想」の「状態」をくつがえす「運動」である。同様に、マルクスが叛乱の予感のなかでつかみだした「共産主義」も、当時の資本の支配をしりぞける「現実的な運動」と呼ぶほかないものである。それは「今日現存する前提から生じる」レアリスムのひとつであり、ボードレールが讃えるクールベの絵画のように、資本や国家の「理想」による捕獲にあらがう叛徒たちの身振りに共鳴している。

❖理念と宣言

われわれにとってのコミュニズムも、なんらかの目指すべき理想的な状態に依拠するのではない。それはわれわれの「諸条件」から発生する。だから問われなければならないのは、今日の資本や国家による支配の様態であり、それにたいする抵抗がねざす地平のひろがりだろう。フクシマ以後、われわれはいかなる支配に直面し、われわれの抵抗は何に由来するのか？　二つのテクストを瞥見しておきたい。

まずは最初にふれた講演「コミュニズムの理念」だが、そこでは講演の全体をふりかえるジジェクによって、われわれのコミュニズムの「諸条件」がこう明示される。「第一は生態《エコロジー》の崩壊という急迫する脅威です。第二はいわゆる「知的所有権」にとって〔従来の〕私的所有概念が不適切になっていることです。第三は新たな科学技術の発展（とくに生物発生学）がもつ社会倫理的含意です。そして最後とはいえとても大切な第四の敵対関係は、新たな〈壁〉とスラムです」[9]。

最初の三つの「敵対関係」はネグリとハートがいう「コモン（共的なもの）」といいかえられるだろう[10]。かつては共有地（コモン）が囲い込まれ、都市に流入したひとびとは賃労働者として捕獲された。今日では、囲い込みは自然環境だけでなく、精神（「知的所有権」）や身体そのもの（「生物発生学」）にまでおよぼうとしている。だが、ジジェクがとりわけ強調するのは、第四の「スラム」の重要性である。最初の三つのコモンの毀損は、国家や資本によって取り繕うこともできるだろうが、都市のクリアランスという囲い込み＝排除によって生じる「スラム」の拡大はやむことはない。都市の周辺にひろがる典型的な貧民街だけではない。篠原雅武も指摘するように、それは平穏にみえる地域の「荒廃」というかたちで、われわれの空間の支配的な傾向となっている[11]。「仮設住宅」や「瓦礫」の問題は、そうした傾向の露骨な範例ともいえるはずである。

いずれにせよ、ジジェクは、こうした「スラム」の遍在を起点とした横断的な連帯を呼びかける。資本の支配はもはや物質的な生産の強制だけに立脚しているのではない。非物質的な金融権力として、無償であるべき最初の三つのコモンにレント（地代）を課して利潤をあげながら、あらゆる場所に「スラム」の荒廃を排出しつづける。アルバイトで糊口をしのぐにせよ、郊外の「マイホーム」のために借金漬けになるにせよ、われわれが「スラム」の住人であることにはかわりがない。

われわれのコミュニズムは、今日のレントによる支配にあらがう「運動」としてあらわれる。それをきわめて明瞭に語ろうとしているのが『コミュニズム、ひとつの宣言』(二〇一二年)である[12]。著者は「介入のためのコレクティヴ」であるが、そこには元「ティクーン」のメンバーもかかわっていると思われる。「ティクーン」とは、一九九九年に同名の雑誌を上梓した匿名のグループであり、ジョルジョ・アガンベンなどの思想を参照しつつ、七〇年代のアウトノミア運動を賦活することがこころみられた。その後、二〇〇一年に解散するが、そこから分岐した「不可視委員会」による『来たるべき蜂起』は世界的なトレンドをつくりだす[13]。

不可視委員会の主張は、二〇〇五年のフランスの郊外蜂起をそれとして肯定することだった。夜の闇にまぎれて、つぎつぎと車両に火がはなたれる。声明もなければ、要求もない。いわば純粋な蜂起のひろがりが立ち現れる。「介入のためのコレクティヴ」は、そうした「運動」の地平そのものにコミュニズムという名をあたえる。それはなんらの指令にもとづくことのない横断的な個体化の経験である。資本はそうした個体化を局所化し捕獲しようとする。それにたいして、コミュニズムが肯定しようとするのは、この世界そのものの経験であり、それらの星座状の散在における共鳴である。

コミュニストが出発するのは、この生しかない、だがそれで十分だ、という知覚からである。この生がただそれだけで十分なのは、この生がはかりしれないほどの浪費であると思わせるものごとから、この生を解き放つことが可能であるからである。したがってまた、生が編みこまれた諸関係しかない——それら諸関係のもとでは、異質な諸存在が協和音や不協和音をかなでながら結びつく諸世界の組み合わせがつくりだされる——が、それでわれわれとしては十分である。それら諸関係がわれわれのうちで共鳴し、われわれの経験や感受性の領野をたんに個人的である以上のもの、人間的である以上のものへと解放してくれるからである。コミュニズムはファンタズムでもないし、投影されたユートピアでもない。コミュニズムとは、資本の世界のなかで実現することのない喜びの経験をひろげる可能性のことである。そこから出発するとき、この世界は万人にとってありのままの姿で出現するだろう。とりわけ、徹頭徹尾、資本なしですますことのできるものとして[14]。

マルクスが直面した一九世紀の資本の支配のもとでは、工場での労働に封じ込められたひとびとには、再生産もおぼつかないような賃金しか支払われなかった。この支配にたいする攻撃がコミュニズムであったとすれば、それをになったのは工場労働者である。だが、二〇世紀の後半になると、労使協調のもとで生産と消費のサイクルがつくられる。あいかわらず労働の時間は苦しみしかもたらさないにしても、獲得した賃金で消費の喜びを味わうことができる。この循環がいわゆるフォーディズム体制であり、それは消費の喜びの追求が極限化された八〇年代に終焉をむかえる。

現在のわれわれが生きているのは、もはや消費によっては慰撫するつもりのない資本の支配である。それをポストフォーディズムと呼ぶとすれば、そこでは資本は完全雇用によって消費を保障することなく、われわれを労働へと駆りたてつづける。そして、それ以外の価値にたいしては、たえず盲目であることを強制する。この狭窄の苦しみからは、ふたつの受動的な反応が生じるだろう。第一はフォーディズムへの退行であり、資本がまだ消費の喜びをあたえてくれるという幻想を生きることである。第二は労働に心理的に固着し、労働から離脱することへの恐怖を生きることである。それは資本という主人の欲望を生きることであり、あらゆる権威主義の源泉ともなりうるだろう。

こうしたポストフォーディズム期の資本の支配にたいして、『コミュニズム、ひとつの宣言』は「この生しかない」という「知覚」の回復を呼びかける。われわれは「はかりしれない浪費」

という幻想を払拭し、みずからの欲望を生きなければならない。コミュニズムは「ファンタズムでもなければ、投影されたユートピアでもない」という原義をとりもどす。この覚醒において、世界は「ありのままの姿」であらわれる。それはコモンの回復であると同時に、「資本の世界」の荒廃から積極的に撤退することでもありうるだろう。賭けられているのは、この世界の諸関係が「共鳴」するなかで、われわれ自身の「喜び」をおしひろげることである。

❖核汚染のエチカ

スピノザは『エチカ』第五部の定理二三「人間精神は、身体とともに完全に破壊されえない。むしろ、そのうちのあるものは永遠なものとして残る」について、つぎのように注解を加える。

すでに述べたように、身体の本質を永遠の相のもとで表現するこの観念は、精神の本質に属し、しかも必然的に永遠な、ある一定の思惟の様態である。だがわれわれは、自分たちが身体の存在以前に存在していたことを思い出すことはできない。というのは、身体のうちにはその痕跡がなにひとつ存在しえないし、また永遠性は時間によって規定しえないし、また時間とはなんの関係もないからである。だがそれにもかかわらず、われわれは自分が永遠であると感じ、またそれを経験する[15]。

スピノザの『エチカ』はダンテの『神曲』に似て、地獄、煉獄、天国とのぼりつめるように読み進めることができる。そうした印象をもたらすのは、『エチカ』では精神の「認識」の三段階が語られているからである。第一の段階では、われわれはまったくの受動的な状態におかれる。適合する出会いには「喜び」を感じるが、不適合な出会いには「悲しみ」を感じる。こうした出会いの構成関係に拘束された状態にたいして、第二の段階では「共通概念」によって、精神は能動的となり、より適合的な構成をつくりだそうとする。そして、この「共通概念」のはたらきをつうじて、われわれはベアトリーチェの愛を想起させる「永遠」の「直観知」へとみちびかれていく。

スピノザの心身並行論の体系において、こうした三段階は精神だけでなく、身体についても妥当する。そのかぎりにおいて、その第一段階は、われわれの核汚染の日常を厳密に言い当てているといえるだろう。毒である核物質が撒き散らされつづけ、それは身体に不適合な「悲しみ」をもたらす。だからこそ、われわれは身体に適合する構成をもとめて、核汚染をさけようとする。

それは「喜び」である。だが、この「喜び」は受動的なものでしかない。買い物のたびに食品の産地を確認する行為をくりかえし、われわれの身体と精神は澱がたまるような疲弊に沈み込んでいく。

同じことは、われわれの行動にともなう情動についてもいえるだろう。核の恐怖を語り合える仲間に出会うと「喜び」を感じる。だが、それはむしろ稀なことで、たいていの場合は社会そのものをなりたたせるために、その恐怖を押し殺すことがもとめられる。悪しき出会いの「悲しみ」が増幅される。この「悲しみ」のなかでは、おそらく「絆」や「瓦礫」がしいられる。あるいはシジフォスの徒労のような「除染」が推奨され、防衛的な「エネルギーシフト」ばかりが語られる。そして抗議行動も萎縮し、ネオリベラルな極右政権の到来をまねいてしまったのだろう。

フレデリック・ロルドンによれば、こうしたスピノザ的な感情の合成は、われわれが資本の支配に隷属する様態の分析一般に転用できるという[16]。すでにふれたように、ポストフォーディズムの体制のもとでは、労働の「悲しみ」と消費の「喜び」の均衡はなりたたない。労働そのもののなかに「喜び」をみいだすようにしいられている。こうした資本への受動的な適応のために「自己」にたいする「啓発」や「マネジメント」の装備が常時あてがわれている。そこでの「自己」の「実現」とは、資本の欲望をみずからの欲望ととりちがえる錯覚を生きることである。

核汚染への適応には、資本への隷属と同じ機制がはたらいているといえるだろう。そうであるとすれば、われわれに必要なのはコミュニズムである。それは理想的な状態をめざすものでなく、受動性をしいる資本の支配にたいする能動的な抵抗だった。興味深いことに、こうしたコミュニズムの原義は、スピノザの第二段階における「共通概念」のはたらきと重なりあう。「共通概念」とは、よりよい適合関係をもとめる精神と身体の能動的なはたらきである。それは理想をもとめる抽象の作用ではなく、二つ以上の適合関係を構成して「喜び」をひろげていく。生の現実そのものから出発して、諸存在が共鳴する地平をつくりだす運動そのものである。

ボードレールは「万物の照応」の詩学を語った。われわれとしては、彼がマルクスと同世代であることをあらためて強調しておきたい。影響関係があるというのではない。同じ叛乱を生きた者たちがレアリスムや「万物の照応」、あるいはコミュニズムを語る。そしてスピノザにとっても、より拡大された「共通概念」が到達する第三の段階では、すべての観念が重層して感じられるという。スピノザはやはり神に酔った哲学者なのだろうか？　ボードレールは「酔いたまえ」とうたう。この陶酔のなかにコミュニズムもあるのだろうか？

『エチカ』の引用を読み返そう。われわれの身体は消滅する。だが、その身体なしには「永遠」が感受されることもありえない。「われわれが自分を永遠と感じ、またそれを経験する」――これが『エチカ』の到達点である。マルクスが時間による労働の抽象をしりぞけたように、「共通概念」において時間の持続から解放される経験が生じる。くりかえすが、今日のコミュニズムの経験は、なによりコモンを回復することであり、「この生しかない、だがそれで十分だ、という知覚から」はじまるものである。それは核汚染の「スラム」からはじまるものである。したがって、われわれのコミュニズムの賭け金は、核汚染のもたらす受動的な喜びと悲しみから抜け出すことでもあるだろう。「共通概念」のはたらきをつうじて、諸存在が「協和音や不協和音をかなでながら結びつく諸世界の組み合わせがつくりだされる」のだろうか？　この万物が共鳴する永遠の感覚とともに、われわれは個人や人間以上のものになりうるのだろうか？　たしかなのは、受動的な持続からの脱却において、核汚染を生きるわれわれのコミュニズムの「永遠」が立ち現れることであり、それなしにいかなる「喜び」も語りえないことである。

1　ジャン゠リュック・ナンシー「崇高な捧げもの」、ミシェル・ドゥギー『崇高とは何か』梅木達郎訳、法政大学出版局、二〇一一年（新装版）、四七 - 一〇五頁。

2　コスタス・ドゥズィーナス＋スラヴォイ・ジジェク編『共産主義の理念』長原豊監訳、沖公祐・比嘉徹徳・松本潤一郎訳、水声社、二〇一二年。

3 野間易通『金曜官邸前抗議——デモの声が政治を変える』河出書房新社、二〇一二年。

4 ナンシー、前掲『崇高とは何か』四七頁。

5 マルクス／エンゲルス『ドイツ・イデオロギー』廣松渉編訳、岩波書店、二〇〇二年、七一頁。

6 笙野頼子『だいにっほん、ろりりべしんでけ録』講談社、二〇〇八年、六九頁。

7 喜安朗『パリの聖月曜日』岩波書店、二〇〇八年。良知力『青きドナウの乱痴気』平凡社、二〇一二年。

8 谷口清彦「なぜなら無償であるがゆえに：ボードレールのレアリスム試論」、『Lettres françaises』上智大学フランス語フランス文学紀要編集委員会、32号、二〇一二年、一七 - 二六頁。

9 ジジェク「始めからやりなおすには」、前掲『共産主義の理念』三五九頁。

10 アントニオ・ネグリ／マイケル・ハート『コモンウェルス』水嶋一憲監訳、幾島幸子・古賀祥子訳、上・下、ＮＨＫ出版、二〇一二年。

11 篠原雅武『全 - 生活論』以文社、二〇一二年。

12 Collectif pour l'intervention, *Communisme : un manifeste*, NOUS, 2012.

13 不可視委員会『来たるべき蜂起』、『来たるべき蜂起』翻訳委員会訳、彩流社、二〇一〇年。ティクーンについては以下を参照。『来たるべき蜂起』翻訳委員会＋ティクーン著『反 - 装置論』以文社、二〇一二年。

14 Collectif pour l'intervention, *op. cit.*, pp. 94-5.

15 スピノザ『エティカ』工藤喜作・斎藤博訳、『世界の名著30　スピノザ　ライプニッツ』中央公論社、一九八〇年、三六〇頁。「共通概念」については以下を参照。ジル・ドゥルーズ『スピノザ　実践の哲学』鈴木雅大訳、平凡社、二〇〇二年。福居純『スピノザ「共通概念」試論』知泉書館、二〇一〇年。

16 フレデリック・ロルドン『なぜ私たちは、喜んで〝資本主義の奴隷〟になるのか？　新自由主義社会における欲望と隷属』杉村昌昭訳、作品社、二〇一二年。

Gustave Courbet, *La Vague*, 1870

【編者】
現代理論研究会：2012年発足

【執筆者】 ＊掲載順
矢部史郎（Shiro Yabu）1971年生まれ　海賊研究・思想史
マニュエル・ヤン（Manuel Yang）1974年生まれ　歴史学
森元斎（Motonari Mori）1983年生まれ　哲学
田中伸一郎（Shinichiro Tanaka）1980年生まれ　労働組合員
村上潔（Kiyoshi Murakami）1976年生まれ　現代女性思想・運動史
栗原康（Yasushi Kurihara）1979年生まれ　アナーキズム研究・労働運動史
アンナ・R家族同盟（Anna R Complicité familiale）1970年代生まれ　コミュニズム
白石嘉治（Yoshiharu Shiraishi）1961年生まれ　文学

被曝社会年報 #01 2012-2013

2013年2月25日　初版第1刷発行

編　者　現代理論研究会
発行者　武　市　一　幸
発行所　株式会社　新　評　論

〒169-0051　東京都新宿区西早稲田3-16-28
http://www.shinhyoron.co.jp
電話　03（3202）7391
FAX　03（3202）5832
振替　00160-1-113487

定価はカバーに表示してあります
落丁・乱丁本はお取り替えします
印刷　神　谷　印　刷
製本　手　塚　製　本

ISBN978-4-7948-0934-6
Printed in Japan

好評既刊

矢部史郎（聞き手・序文：池上善彦）

放射能を食えというならそんな社会はいらない、ゼロベクレル派宣言

原発事故直後に東京を脱出した異色の思想家が,「フクシマ後」の人間像と世界像を語り尽す。

［四六並製　212頁　1890円　ISBN978-4-7948-0906-3］

綿貫礼子 編／吉田由布子＋二神淑子＋リュドミラ・サァキャン 著

放射能汚染が未来世代に及ぼすもの

「科学」を問い、脱原発の思想を紡ぐ

女性の視点によるチェルノブイリ25年研究が照らす「フクシマ後」の生命と健康。

［四六並製　228頁＋口絵　1890円　ISBN978-4-7948-0894-3］

綿貫礼子 編／鶴見和子・青木やよひ他 著　　◎オンデマンド復刻版

廃炉に向けて　*女性にとって原発とは何か*

チェルノブイリ事故を受けて編まれた，女性の立場からの原発廃絶への提言。

［A5並製　362頁　4830円　ISBN978-4-7948-9936-1］

白石嘉治・大野英士 編

［インタビュー：入江公康・樫村愛子・矢部史郎・岡山茂・堅田香緒里］

増補　ネオリベ現代生活批判序説

「日本で初めてのネオリベ時代の日常生活批判の手引書」（酒井隆史氏）。

［四六並製　320頁　2520円　ISBN978-4-7948-0770-0］

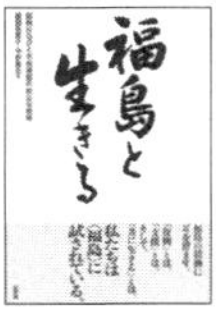

藤岡美恵子・中野憲志 編

福島と生きる

国際NGOと市民運動の新たな挑戦

福島の内と外の各地で,「総被曝時代」の挑戦を受けて立とうとしている人々の渾身の記録。

［四六上製　276頁　2625円　ISBN978-4-7948-0913-1］

三好亜矢子・生江明 編

3・11以後を生きるヒント

普段着の市民による「支縁の思考」

「支援」ならぬ，自由闊達な「支縁」を展開する13人の声に聴き取る「生」へのヒント。

［四六上製　312頁　2625円　ISBN978-4-7948-0910-0］

＊ 表示価格：消費税（5%）込定価